JN079688

サステナビリティと食品産業

－ 明日への課題を読み解く －

高崎健康福祉大学特命学長補佐・農学部客員教授
元農林水産省食料産業局長　**櫻庭 英悦** 編著

日本食糧新聞社
Nissyoku

はじめに

　近年、SDGs や ESG 等に対する考え方が世界的に重要視され、企業価値をも左右する要因となりつつあります。このようななか、新型コロナウイルス感染症の世界的な拡大は、これまでの価値観を大きく変え、サステナビリティ（持続可能性）は、今や企業成長に欠かせないキーワードとなっています。短期的利益だけを追い求める企業は淘汰され、「環境・社会・ガバナンス」という三つの観点において持続可能な状態を将来にわたって実現する経営が、マーケットでの競争優位性を左右するようになってきています。

　本書では、サステナビリティと企業経営、食品産業行政について述べるとともに、事例として食品業界で SDGs や ESG に貢献する先進的な取り組み食品企業を紹介しています。食品産業に携わり、サステナビリティの取り組みを進めている、あるいは、これから取り組もうとされている方々、そしてこれから食品産業に携わろうとしている学生の皆さんにとって本書が明日への課題を読み解く一助になれば幸甚です。

　本書は、日本食糧新聞社創刊80周年を記念して刊行することとなりました。このような機会を与えていただいた杉田尚社長はじめ日本食糧新聞社の皆さまに衷心より感謝申し上げます。

令和5年6月

高崎健康福祉大学特命学長補佐 農学部客員教授　櫻庭 英悦

発刊のごあいさつ

　日本食糧新聞は令和 5 年 1 月 1 日に創刊 80 周年を迎えました。本書は「日本食糧新聞創刊 80 周年記念出版」として企画されたものです。

　日本食糧新聞社はこれまでの 80 年間、弊紙メディアとして「提言紙・世論紙・応援紙」の役割を貫き、食の情報価値を発信して参りました。また、食品産業界の発展、繁栄、挑戦する姿を見聞し、その時々で企業・個人・商品の輝く功績を称えて表彰して参りました。

　この間、わが国の食品関連産業は、製造技術の向上により即席麺や冷凍食品など新しいジャンルの商品が次々に登場し、また、PET ボトルの普及は飲料業界を活気付けました。弁当・惣菜をはじめとする中食産業は新たな需要を創出し、外食ではチェーン展開によるファストフードやファミリーレストランが勃興しました。スーパーマーケットやコンビニエンスストアの存在も消費者の暮らしを大きく変えました。
　昭和・平成、そして令和と続く日本食糧新聞の報道の歴史は、日本の食品産業が歩んだ革新の歴史と一致します。

　近年、SDGs や ESG 等に対する考え方が世界的に重要視されるなか、本書が食品産業に携わる方々にとって明日への課題を読み解く一助になれば幸甚です。
　日本食糧新聞は、これからも食品産業の課題解決に向けて皆さまに役立つ付加価値情報と多種多様なハイブリッドメディアサービスの提供で「一世紀専門新聞」を目指していく所存です。これからも私どもの発信する情報が食品産業の発展のよき伴走者になるよう努力を続けて参ります。

令和 5 年 6 月

日本食糧新聞社　代表取締役社長　杉田　尚

Contents

第1章

サステナビリティと
企業経営

サステナビリティ
経営概論

高崎健康福祉大学特命学長補佐・農学部客員教授　櫻庭 英悦

はじめに

　サステナビリティ（Sustainability）は「持続可能性」という意味であるが、転じて現在では『人間社会と地球環境が調和して持続可能な発展を目指す』という概念である。筆者としては、サステナビリティのもう一つの意味である「持ちこたえる力」も捨てがたい。将来にわたって人類の社会・経済活動に地球環境は持ちこたえられるのか、その可能性はどうすれば生まれるのか……。

　筆者が初めて Sustainable という概念を知ったのは、1990 年ころ農林水産省大臣官房調査課（当時）で海外農業観測（Out Look）を担当していたときだった。米国農務省（USDA）のレポートで低投入持続型農業（LISA：Low Input Sustainable Agriculture）が紹介されていた。1980 年代に米国で提唱された LISA は、これまでの化学肥料や農薬、化石燃料の大量投入型の企業的農業を否定し、自然生態系の力を利用した有機的で環境と調和のとれた農業生産方式のことである。これの実践形態の一つとして考えられるのが、1986 年ころに米国東海岸で始まったとされる地域が支える農業（CSA：Community Supported Agriculture）で、グレートプレーンズ等の大規模な企業的経営とは真逆な小規模農業者と消費者が連携し、前払い

による農産物の契約を通じて相互に支えあう仕組みである。日本の生協による産直連携農業がモデルといわれ、消費者が農作業に参加して双方が経営リスクを共有し、信頼に基づく対等な関係により成立していることに特徴がある[※1]。CSA農家の大半がオーガニックに取り組み、現在ではコミュニティファームとして欧州でも根づいてきている。

農業は原材料の供給だけでなく、経済社会が環境と調和し持続的な発展をするための基盤である「自然資本」の維持にも重要な役割を担っている。最近では、生物多様性等の自然資本の棄損に歯止めをかけ、将来的に回復をめざす取り組みであるネイチャーポジティブ[※2]が注目されている。しかしながら、1970年以降、約68%の生物多様性が失われたとされている。海水温の上昇等の環境ストレスがサンゴの白化に大きな影響を及ぼしているように気候変動と生物多様性は一体的であり、それぞれサステナビリティの重要な要素となっている。2022年12月にカナダで開催された生物多様性条約第15回締約国会議（COP15）で採択された23の世界目標には、数値目標や企業への要請が多く盛り込まれた。ここで議論された開示義務化が将来的に強化される可能性は否定できない。その場合、食品産業は自らの原料調達等が生物多様性にどのように影響を及ぼしているか把握し、開示しなければいけなくなる。これができない企業は資金調達や国際取引をはじめとして企業活動そのものに支障をきたすおそれがある。

食品産業はフードチェーンの重要なポジションにあり、川下の多種多様なニーズに応えつつ川上と適切な連携を図る使命を有しているが、原材料の需給やライフスタイルの変化等の与件変動に大きな影響を受けている。これらに適切に対応するためのキーワードが「サステナビリティ」といえよう。このサステナビリティをしっかりと経営の中に受け止めて企業活動に反映することが、将来への「持ちこたえる力」の原動力になると確信している。

本節では、第一にサステナビリティ概念の形成過程をトレースし、第二にESGと企業活動の関係を明らかにし、第三にわが国におけるカーボンニュートラル宣言とGX推進法等による企業活動への影響を考察する。

※1 平成14年食料・農業・農村白書P43コラム「CSA—北米で広がる地産地消運動−」
※2 自然生態系の損失を食い止め回復させていくことを意味する。次節を参照されたい。

1　サステナビリティ概念の形成過程

(1) はじまりは、公害、人口・食糧問題

　1960年代から先進諸国は飛躍的な経済成長を遂げてきたが、一方で深刻な公害問題が顕在化した。米国では、1970年に海洋大気局（NOAA：National Oceanic Atmospheric Administration）と環境保護局（EPA：Environmental Protection Agency）を新設し、水質浄化法（Clean Water Act）、大気浄化法（Clean Air Act 1970）の制定やラムサール条約、ワシントン条約に署名するなど矢継ぎ早に環境対策に取り組んだ。これらは共和党のニクソン政権で行われたものであり、議会で民主党が多数を占めていたとはいえ、その後の共和党政権であるG.ブッシュ大統領の京都議定書からの脱退（2001年）やトランプ大統領の気候変動枠組条約（パリ協定）からの離脱（2020年）から振り返り、歴史のアイロニーを感じる。

　このように公害対策が大きな社会テーマになっていた1972年3月に出版されたのがローマ・クラブの『成長の限界』[※3]である。本書は「加速度的に進みつつある工業化、急速な人口増加、広範に広がっている栄養不足、天然資源の枯渇、および環境の悪化を分析する」[※4]ことを目的としている。特筆すべきは、電子計算機によるシステム・ダイナミクス・モデルを初めて本格的に採用したシミュレーション・モデルで、複数のシナリオを提起したことにある。この世界モデルにより、幾何級数的に増加する工業生産と人口に対して、その成長を止めようとして働く制約（負のフィードバック・ループ）としての環境汚染、天然資源の枯渇、飢餓（食糧不足）が存在するとし、最後には負のループが強大化し、成長が終わりを遂げるということが示された。さらに、この成長は100年持たない（最短で2030年に世界経済が崩壊する）とし、最終的に安定化する人口は82億人としている。なお、2022年11月15日に世界の人口は80億人に達している。

　この『成長の限界』が1972年6月にストックホルムで開催された国連人間環境会議に少なからず影響を与えたのはいうまでもない。ストックホルム会議は、地球規模での環境問題を初めて討議した国連主催の国際会議である。会議には世界各地から113カ国の政府代表、国連機関関係者など

約1,300人が参加し、各国政府代表がそれぞれ直面している環境問題の実態と対応策などについて報告し、国連人間環境宣言が採択された。この宣言では、「自然のままの環境と人によって作られた環境は、共に人間の福祉、基本的人権ひいては、生存権そのものの享受のため基本的に重要である」とし、「環境の保護改善は人間のそもそもの義務である」ことを提起した。さらに、環境に関する権利と義務、天然資源の保護、野生生物の保護、海洋汚染の防止、核兵器などの大量破壊からの回避、そして開発の促進と援助などが重要な目標として掲げられた。なお、会議の初日である6月5日を「国連世界環境デー」とするとともに、国際機関として国連環境計画（UNEP：United Nations Environment Programme）をナイロビに設立することとなった。

このように、世界的に環境問題への議論が深まってきたが、先進国と発展途上国間の格差は広がる一方であった。さらに、石油ショックを契機に開発途上国が有する天然資源が大きな国際交渉力と認識されてからは、自国主義のもと資源ナショナリズムが巻き起こった。環境問題が国際政治のテーマとなってから、環境対策を求める先進国と開発経済優先を唱える開発途上国の間で対立する構図となった。環境か、経済か、どちらを優先するかは現在においても重い政治テーマとなっている。

『成長の限界』は次のように記述している。「生産性の向上を、生活水準の向上、余暇の増大、すべての人々の環境の快適性の向上などを目標に結びつけることができないという理由はない。そのためには、社会の第一義的な価値を、成長からこうした目標へきりかえることが必要である」[5]。すなわち、成長という量的拡大から人間社会の質的な向上への転換を求めたのである。量的な拡大には限界があり、いずれは停止することになる。しかし、質的な向上は止まることはない。まさに、量から質へのパラダイムシフトが始まったのである。

※3 D・H・メドウズ他著『成長の限界－ローマ・クラブ「人類の危機」レポート』ダイヤモンド社（1972年）
※4 前掲書 P8
※5 前掲書 P162

(2) サステナビリティ概念の提唱

　1980年に国連環境計画（UNEP）の委託で国連自然保護連合（IUCN）が策定した世界保全戦略（World Conservation Strategy）のなかで『持続可能な開発（Sustainable Development）』という概念が初めて世に出された。この戦略では、① 生態系と生命維持システムの保全、② 種の多様性の保全、③ 種と生態系の持続可能な利用の三原則が提起された。副題の「持続可能な開発のための生物資源の保全（Living Resource Conservation for Sustainable Development）」が示しているように、この戦略の持続可能な開発とは、地球上に存在する種と生態系の保全を阻害しない範囲での開発を行うことであり、ストックホルム会議の人間環境宣言を発展させた具体的な行動指針をめざしたものであった。

　1987年に公表された環境と開発に関する世界委員会（委員長：ブルントラント・ノルウェー首相）の報告書「Our Common Future」では、持続可能な開発を「将来の世代の欲求を満たしつつ、現在の世代の欲求も満足させるような開発」と定義し、開発と環境は共存し得るものとして、環境保全を考慮した節度ある開発を行うことの重要性を説いている。この概念規定が現在にも受け継がれているのである。

　1992年、国連環境開発会議（地球サミット）がリオデジャネイロで開催された。地球サミットでは、環境保全に重点をおく先進国と開発や貧困問題の解決を重視する開発途上国との間のさまざまな対立点について議論が深まり、世界的な合意が形成された。その成果として、21世紀に向けた行動原則「環境と開発に関するリオ宣言」、同宣言の行動計画「アジェンダ21」が採択されるとともに、気候変動に関する国際連合枠組条約および生物の多様性に関する条約の署名が開始され、それぞれ150カ国以上が署名した。

　先進国と開発途上国の間での議論の焦点であった地球環境問題の責任論については、両者共通して地球環境保全の責任を有するが、これまで地球環境に与えてきた負荷の程度等に鑑み、責任の程度において、先進国と開発途上国では差異があるとしている。これは、地球環境の悪化を引き起こしたのは、主として先進国の社会経済活動によるところが大きいが、限りある地球の一員として、開発途上国も持続可能な開発を実現し地球環境を

保全する責任があるという考え方を示している。

リオ宣言は、1972年のストックホルム会議の人間環境宣言に沿い、さらにこれを拡張した27原則から構成されている。「第1原則では、人類は自然と調和しつつ健康で生産的な生活をおくる資格があることを、第2原則では、各国は自国の資源を開発する主権的権利を有するが同時に各国の活動が他国の環境に損害を与えないようにする責任があるとしている。第3原則では、開発の権利の行使は現在および将来の世代の開発および環境上の必要性を公平に充たす必要があること、第4原則で、環境保護と開発の一体性を、そして、第5原則で持続可能な開発のために貧困の撲滅に協力して取り組む必要があることを述べている。また、女性や青年、先住民などあらゆる主体がそれぞれの立場で持続可能な開発の実現に取り組まなければならず、平和と開発および環境保護は相互依存的かつ不可分であり、さらに、各国および国民は宣言にある諸原則の実施に、誠実かつパートナーシップの精神で協力しなくてはならない」(環境省資料)。

アジェンダ21は、「環境と開発に関するリオ宣言の諸原則を実行するための21世紀に向けた具体的な行動計画であり、大気保全、森林、砂漠化、生物多様性、海洋保護、廃棄物対策などの具体的問題についてのプログラムを示すとともに、その実施のための資金、技術移転、国際機構、国際法の在り方等についても規定」(平成5年環境白書)している。

(3) MDGs から SDGs へ

2000年9月にニューヨークで開催された国連ミレニアム・サミットで採択された国連ミレニアム宣言を基にまとめられたのが、ミレニアム開発目標 (MDGs：Millennium Development Goals) である。MDGs は、開発分野における国際社会共通の目標として極度の貧困と飢餓の撲滅など、2015年までに達成すべき8つの目標を掲げ、その下に、より具体的な21のターゲットと60の指標が設定された。図表1のとおり改善された点として「世界全体では極度の貧困の半減を達成」などがあげられている。さらに、貧困問題では、サブサハラ・アフリカ地域では人口の41％が依然として極度の貧困状態にあり、飢餓問題では、サブサハラ・アフリカ地域や南アジア

〔改善された点〕
◦ 世界全体では極度の貧困の半減を達成
◦ 世界の飢餓人口は減少し続けている
◦ 不就学児童の総数は約半減
◦ マラリアと結核による死亡は大幅に減少
◦ 安全な飲料水を利用できない人の割合の半減を達成

〔積み残された課題〕
◦ 国内での男女、収入、地域格差が存在
◦ 5歳未満児死亡率は減少するも、目標達成には遠い
◦ 妊産婦の死亡率は低減に遅れ
◦ 改良された衛生施設へのアクセスは十分でない

出典：2015年版開発協力白書

図表1　MDGsで改善された点

地域、西アジア地域での飢餓削減の遅れがみられると指摘し、地域間のアンバランスが残されたままとなった。

　これらの評価を踏まえて誕生したのが、2015年9月の国連サミットにおいて全会一致で採択された持続可能な開発目標（SDGs：Sustainable Development Goals）である。MDGsとSDGsの大きな違いは、MDGsは開発途上国を対象国としていたのに対し、SDGsは開発途上国だけではなく先進国も含めた全地球を対象にしたことにある。17のゴール（目標）と表現しているが、正式には「私たちの世界を変革するための17の目標（17 Goals to Transform Our World）」（国連ホームページ）とされており、この「変革」が第一の理念といえよう。次にあげられる理念は「誰一人取り残さない（No one will be left behind）」ことである。なぜか、それはMDGsの結果、前述のように世界中に取り残された人が数多くいたからである。

　ここでMDGsからSDGsに移行したことで大きく変わった2点を指摘したい。1つは、企業や個々人の参加を呼び掛けていることで、これまでの国（政府）間の取り組みから大きく変わった点である。交通安全や食品ロスの削減などの身近な169のターゲットが設定され、個人や企業も取り組みやすくなった。わが国では2020年度に小学校学習指導要領が改訂され、中学校（2021年度）、高等学校（2022年度）と順次改訂された。この改訂

では「持続可能性」が新たに強く意識され、学校教育現場がSDGsと深くかかわるようになったことも特徴的である。2点目は、環境保護や気候問題の対策に関する内容が増えたことである。MDGsでは、従来の開発途上国での開発をめざしていたが、地球規模で環境と開発を同じテーブルに載せたのである。

SDGsについて多くの解説や区分があるが、本書の趣旨を表現しているのがヨハン・ロックストローム博士の「SDGsウェディングケーキモデル」（図表2）といえる。この3つの階層の並び方はそれぞれ意味がある。「経済」の発展は、生活や教育などの社会資本によって成り立ち、「社会」は「生物圏」すなわち人々が生活するために必要な自然環境によって支えられていることを表している。土台となっている「生物圏」について、自然環境を国民の生活や企業の経営基盤を支える重要な資本の一つとしてとらえ、全ゴールの基盤となるこの「自然資本」を持続可能なものとしなければ他のゴールの達成は望めないということを示している。

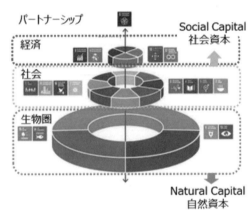

出典：農林水産省「みどりの食料戦略の実現に向けて」

図表2　SDGsウェディングケーキモデル

2　ESGと企業

ESG（Environment：環境、Social：社会、Governance：ガバナンス〈企業統治〉）は、企業が長期的な成長をめざす上で不可欠な重視すべき非財務価値の観点であり、これに対してSDGsは国や企業・個人が持続可能な世界を実現するための共通価値の創出目標である。企業がESGに配慮した活動を行うことは、結果的にSDGsの目標を達成することになるため、

企業は ESG と SDGs をセットにして取り組むケースが多く見受けられる。

　効率的な資本市場は持続的な成長を維持するために不可欠な基盤であるが、一方で持続可能性を担保できる市場経済システムをグローバル化、多様化したなかでいかに再構築していくべきなのか。そのためには市場経済における企業活動のあり方が問われる。本節では、企業がイノベーションするための源泉である信用創造（投資）の観点から ESG 経営を俯瞰することとする。

⑴ 国連責任投資原則（PRI）

　国連環境計画（UNEP）は、生物多様性条約やオゾン層を破壊するおそれのある物質を規制するモントリオール議定書などの条約を管理し、環境に関する諸活動の総合的な調整を行う国連機関である。1992 年、持続可能な開発のために民間セクターの資金を活用することを目的に国連環境計画金融イニシアティブ（UNEP-FI：Finance Initiative）が発足した。

　UNEP-FI の活動が実を結んだのが、国連責任投資原則（PRI：Principles for Responsible Investment）である。「金融は世界経済の原動力となっているものの、投資判断には環境・社会・ガバナンスの視点——言い換えれば持続可能な発展の原則が、十分に反映されていない」（アナン国連事務総長〈当時〉）という認識のもと、2006 年 4 月にニューヨーク証券取引所で PRI が公表された。「経済的に効率的で持続可能なグローバル金融システムは、長期的な価値創造に不可欠であると私たちは信じています。このようなシステムは、長期的で責任ある投資に報い、環境と社会全

1. 私たちは投資分析と意思決定プロセスにESGの課題を組み込みます。
2. 私たちは活動的な株式所有者となり、株式の所有方針と所有習慣にESG問題を組込みます。
3. 私たちは投資対象に対してESG問題について適切な開示を求めます。
4. 私たちは資産運用業界において本原則が受け入れられ、実行に移されるように働きかけを行います。
5. 私たちは本原則を実行する際の効果を高めるために協働します。
6. 私たちは本原則の実行に関する活動状況や進歩状況に関して報告します。

出典：PRI ホームページ

図表 3　PRI 6 原則

体に利益をもたらします。PRI は、原則の採択及びその実施に関する協力を奨励することにより、この持続可能な国際金融システムの達成に取り組む。そのために、優れたガバナンス、誠実さ、説明責任を促進し、市場の慣行、構造、規制の中にある持続可能な金融システムへの障害に対処します。」（PRI ホームページ）。

　図表3に示されている PRI6 原則は、投資家が意思決定を行う際に ESG の観点を考慮することを求めた世界共通のガイドラインである。法的な拘束力はないものの、賛同者は年々増加しており、2022年10月現在で 5,220 機関が署名し、署名機関の総資産運用残高は 120兆ドル（約1.6京円）を超えている。

⑵ 日本版スチュワードシップ・コード

　2008年9月に米国の投資銀行であるリーマン・ブラザーズ・ホールディングスが経営破綻し、世界的な金融危機が起こった。いわゆるリーマンショック[6]である。日本ではそれほどの影響を受けなかったが、世界的には 1929 年の世界恐慌以来の大不況となった。英国では、機関投資家が投資先企業を監視できなかったために金融危機が深刻化したとの見方が広まり、コーポレートガバナンスにおける機関投資家が果たす役割や責任の重要性が再認識された。2009年に発表されたウォーカー報告書[7]において、「機関投資家のためのコードを策定すべき」との勧告がなされ、2010年にスチュワードシップ・コード（責任ある機関投資家の諸原則）が策定された。わが国では、2013年の日本再興戦略を受けて 2014年金融庁に設置された有識者検討会において日本版スチュワードシップ・コードが策定・公表された。このなかで、「責任ある機関投資家」としてスチュワードシップ責任を果たすために有用と考えられる明確な方針の策定・公表などの7つの原則を明らかにし、2020年の改訂版で「サステナビリティの考慮」が初めて盛り込まれた。2023年1月時点で受け入れ表明をした機関投資家は、年

※6　この呼称は日本独特のもので（和製英語）、国際的には「国際金融危機：The Global Financial Crisis」と呼ばれている。
※7　2009年2月からブラウン首相（当時）により、英国内金融機関（銀行）のコーポレートガバナンスのレビューが開始され、同年11月に出された報告書。

金基金等79、投信・投資顧問会社等203、生命保険・損保会社24、信託銀行等その他17の323機関となっている。

⑶コーポレートガバナンス・コード

2014年6月、「『日本再興戦略』改訂2014－未来への挑戦－」が閣議決定され、コーポレートガバナンスの強化について記載された。少子高齢化のなかでも日本経済を成長させるためには、企業価値を向上させる必要があるとし、そのため、この戦略のなかで「持続的成長に向けた企業の自律的な取組を促すため、新たにコーポレートガバナンス・コードを策定する」と明記された。

金融庁の「コーポレートガバナンス・コード～会社の持続的な成長と中長期的な企業価値の向上のために～」によれば、コーポレートガバナンスとは「会社が、株主をはじめ顧客・従業員・地域社会等の立場を踏まえた上で、透明・公正かつ迅速・果断な意思決定を行うための仕組み」である（図表4）。基本的な考え方は「上場会社には、株主を含む多様なステークホルダーが存在しており、こうしたステークホルダーとの適切な協働を欠いては、その持続的な成長を実現することは困難である。その際、資本提供者は重要な要であり、株主はコーポレートガバナンスの規律における主要な起点でもある。上場会社には、株主が有するさまざまな権利が実質的に確保されるよう、その円滑な行使に配慮することにより、株主との適切な協働を確保し、持続的な成長に向けた取り組みに邁進することが求められる。」とされている。そしてこのガバナンスコードでは、企業経営が適切に行われるために、外部からその企業を監視する機関（社外取締役や監査役、監査委員会など）を設置し、社内ルールを徹底することの必要性を求めている。2021年6月11日にこのコーポレートガバナンス・コードが改訂され、サステナビリティ等への対応が強化された（図表5）。これは、2022年4月4日からの東京証券取引所の市場区分の大幅な再編※8に向けたものでもあった。

※8 従来の市場第一部、第二部、マザーズ、JASDACをプライム市場、スタンダード市場、グロース市場に再編した。

【株主の権利・平等性の確保】

１．上場会社は、株主の権利が実質的に確保されるよう適切な対応を行うとともに、株主がその権利を適切に行使することができる環境の整備を行うべきである。また、上場会社は、株主の実質的な平等性を確保すべきである。少数株主や外国人株主については、株主の権利の実質的な確保、権利行使に係る環境や実質的な平等性の確保に課題や懸念が生じやすい面があることから、十分に配慮を行うべきである。

【株主以外のステークホルダーとの適切な協働】

２．上場会社は、会社の持続的な成長と中長期的な企業価値の創出は、従業員、顧客、取引先、債権者、地域社会をはじめとする様々なステークホルダーによるリソースの提供や貢献の結果であることを十分に認識し、これらのステークホルダーとの適切な協働に努めるべきである。取締役会・経営陣は、これらのステークホルダーの権利・立場や健全な事業活動倫理を尊重する企業文化・風土の醸成に向けてリーダーシップを発揮すべきである。

【適切な情報開示と透明性の確保】

３．上場会社は、会社の財政状態・経営成績等の財務情報や、経営戦略・経営課題、リスクやガバナンスに係る情報等の非財務情報について、法令に基づく開示を適切に行うとともに、法令に基づく開示以外の情報提供にも主体的に取り組むべきである。その際、取締役会は、開示・提供される情報が株主との間で建設的な対話を行う上での基盤となることも踏まえ、そうした情報（とりわけ非財務情報）が、正確で利用者にとって分かりやすく、情報として有用性の高いものとなるようにすべきである。

【取締役会等の責務】

４．上場会社の取締役会は、株主に対する受託者責任・説明責任を踏まえ会社の持続的成長と中長期的な企業価値の向上を促し、収益力・資本効率等の改善を図るべく、

(1)企業戦略等の大きな方向性を示すこと

(2)経営陣幹部による適切なリスクテイクを支える環境整備を行うこと

(3)独立した客観的な立場から、経営陣（執行役及びいわゆる執行役員を含む）・取締役に対する実効性の高い監督を行うことをはじめとする役割・責務を適切に果たすべきである。

こうした役割・責務は、監査役会設置会社（その役割・責務の一部は監査役及び監査役会が担うこととなる）、指名委員会等設置会社、監査等委員会設置会社など、いずれの機関設計を採用する場合にも、等しく適切に果たされるべきである。

【株主との対話】

５．上場会社は、その持続的な成長と中長期的な企業価値の向上に資するため、株主総会の場以外においても、株主との間で建設的な対話を行うべきである。経営陣幹部・取締役（社外取締役を含む）は、こうした対話を通じて株主の声に耳を傾け、その関心・懸念に正当な関心を払うとともに、自らの経営方針を株主に分かりやすい形で明確に説明しその理解を得る努力を行い、株主を含むステークホルダーの立場に関するバランスのとれた理解と、そうした理解を踏まえた適切な対応に努めるべき

出典：金融庁「コーポレートガバナンス・コード～会社の持続的な成長と中長期的な企業価値の向上のために～」

図表４　コーポレートガバナンス・コード　基本原則

基本原則2　考え方　株主以外のステークホルダーとの適切な協働

　「持続可能な開発目標」（SDGs）が国連サミットで採択され、気候関連財務情報開示タスクフォース（TCFD）への賛同機関数が増加するなど、中長期的な企業価値の向上に向け、サスティナビリティ（ESG要素を含む中長期的な持続可能性）が重要な経営課題であるとの意識が高まっている。こうした中、我が国企業においては、サスティナビリティ課題への積極的・能動的な対応を一層進めていくことが重要である。

基本原則2－3　社会・環境問題をはじめとするサスティナビリを巡る課題

　上場会社は、社会・環境問題をはじめとするサスティナビリティを巡る課題について、適切な対応を行うべきである。

補充原則2－3①

　取締役会は、気候変動などの地球環境問題への配慮、人権の尊重、従業員の健康・労働環境への配慮や公正・適切な処遇、取引先との公正・適正な取引、自然災害等への危機管理など、サステナビリティー（持続可能性）を巡る課題への対応は、重要なリスク管理リスクの減少のみならず収益機会にもつながる重要な経営課題の一部であると認識し、中長期的な企業価値の向上の観点から、適確に対処するとともに、近時、こうした課題に対する要請・関心が大きく高まりつつあることを勘案し、これらの課題に積極的・能動的に取り組むよう検討を深めるべきである。

補充原則2－4①

　上場会社は、女性・外国人・中途採用者の管理職への登用等、中核人材の登用等における多様性の確保についての考え方と自主的かつ測定可能な目標を示すとともに、その状況を開示すべきである。

原則3－1．情報開示の充実

　上場会社は、経営戦略の開示に当たって、自社のサスティナビリティについての取組みを適切に開示すべきである。また、人的資本や　知的財産への投資等についても、自社の経営戦略・経営課題との整合性を意識しつつ分かりやすく具体的に情報を開示・提供すべきである。

　特に、プライム市場上場会社は、気候変動に係るリスク及び収益機会が自社の事業活動や収益等に与える影響について、必要なデータの収集と分析を行い、国際的に確立された開示の枠組みであるTCFDまたはそれと同等の枠組みに基づく開示の質と量の充実を進めるべきである。

基本原則4　取締役会等の責務

4－2②

　取締役会は、中長期的な企業価値の向上の観点から、自社のサスティナビリティを巡る取組みについて基本的な方針を策定すべきである。また、人的資本・知的財産への投資等の重要性に鑑み、これらをはじめとする経営資源の配分や、事業ポートフォリオに関する戦略の実行が、企業の持続的な成長に資するよう、実効的に監督を行うべきである。

出典：金融庁「コーポレートガバナンス・コード〜会社の持続的な成長と中長期的な企業価値の向上のために〜」（改訂版）

図表5　コーポレートガバナンス・コードの追加項目等

⑷ 気候関連財務情報開示タスクフォース（TCFD）と食品産業

　2015年、G20からの要請を受け、金融安定理事会（FSB）により民間主導の気候関連財務情報開示タスクフォース（TCFD：Task Force on

Climate-related Financial Disclosures）が設置され、2017年6月、TCFD は最終報告書（TCFD 提言）を公表した。TCFD 提言に沿った情報開示（TCFD 開示）では、次の4項目を開示推奨項目としている。

① ガバナンス：気候関連リスク・機会についての組織のガバナンス
② 戦略：気候関連リスク・機会がもたらす事業・戦略、財務計画への実際の／潜在的影響
③ リスク管理：気候関連リスクの識別・評価・管理方法
④ 指標と目標：気候関連リスク・機会を評価・管理する際の指標とその目標

　TCFD 提言の賛同者は、2023年2月現在、世界全体で金融機関をはじめとする5,005の企業・機関、日本では1,211の企業・機関となっている。

　国内では、2019年5月にTCFD コンソーシアムが設立され、「グリーン投資ガイダンス 2.0」（2019年10月）を策定した。改訂版である「TCFD ガイダンス 3.0（気候関連財務情報開示に関するガイダンス 3.0）」（2022年10月）では、業種別のガイダンスが公表されており、食品産業を含む農業・食料・林業製品グループの紹介の他、食品産業に関する補足説明を行っている。「食品、飲料などの加工業者は、直接的な温室効果ガス（GHG）排出量（スコープ1）（後述）ではあまり影響を受けないが、供給チェーンと流通チェーンから生じる間接的な GHG 排出量（スコープ3）により比較的影響を受ける可能性が高い。加工業者は、生産者と比較して水と廃棄物のリスクと機会にも同様の重点を置くであろう。たとえば、飲料や紙の生産は、大量の水資源へのアクセスや、飲料生産の場合は質の高い水資源へのアクセスに依存している。廃棄物周りのリスクや機会には、紙や木材廃棄物、廃水、処理後動物副産物などの残留物が含まれる。」[※9] 開示例は図表6に示したとおりであるが、食品業界が提供する製品は多岐にわたっており、気候変動による需要の変化や原材料調達等のリスクと機会が、製品によって一様ではないことに留意すべきであるとも指摘している。

　2022年11月、金融庁は、有価証券報告書および有価証券届出書について、サステナビリティに関する企業の取り組みの開示と、コーポレートガバナ

※9 「TCFD ガイダンス 3.0（気候関連財務情報開示に関するガイダンス 3.0）」P26 より引用。

ンスに関する開示を求めると発表し、2023年3月31日以後に終了する事業年度に係る有価証券報告書等から適用される予定である。

【原材料調達の安定化の取組】
・調達リスク（原材料の収量・品質減、調達費増等）の事業運営への影響評価と対策の検討状況
・調達産地の分散・変更によるリスク回避の取組
・持続可能な生産・流通における、第三者（RSPO4、レインフォレスト・アライアンス5、FSC6等）により認証された原料ないしそれに準ずる基準で自社のアセスメントを経た原料の調達
・持続可能な農畜産業のための生産者支援の取組（例：持続可能な生産方式の普及、生産者の経営支援等）

【水に関するリスクへの取組】
・水リスクの事業運営への影響評価と対策の検討状況
・持続可能な農畜産業普及支援（例：節水型農業等）
・水資源の保全活動（例：森林保全、水田湛水等）
・取水量、水使用量の削減への取組（例：原単位当たりの水使用の削減率、水の循環利用等）
・排水処理で発生するメタンガスの発電利用
・気象災害（風水害リスク等）の事業への影響の評価と対策の検討（例：災害対応工事、工場移転、物流経路・物流センターの再検討、停電・断水等のBCP対策等）

【GHG排出量削減への取組】
・代替原料・製品の開発（例：植物代替肉・培養肉等の利用による家畜飼養により発生するGHG削減）
・製造時のGHG削減の取組（例：省エネ設備の導入拡大等によるエネルギー使用量削減・再生エネルギー導入）
・容器包装の軽量化・薄肉化、代替素材への変更（例：3Rの取組、再生材・バイオマスやFSC認証等持続可能な紙製容器包装等への変更等）
・輸送・配送時のGHG削減の取組（例：共同配送、モーダルシフト、受発注のリードタイムの適正化の取組等）
・食品ロス削減の取組（例：製造過程における食品ロスの削減、容器包装の改善による賞味期限の延長、年月表示化によるサプライチェーン全体での食品ロスの削減、AIを活用した需要予測の精緻化等）
・副産物・動植物性残渣の飼料・肥料等としての活用に関する取組（例：石油由来の肥料の削減等）

【事業の機会の説明】
・気候変動に伴い生じるニーズにマッチした商品開発の取組（例：猛暑に対応した喉の渇きを癒す製品、熱中症や感染症予防等に役立つ製品の開発等）
・環境負荷に配慮した製品によるエシカル消費への訴求の取組（例：認証された原料ないしそれに準ずる基準で自社のアセスメントを経た原料の調達や生産者支援、容器包装における持続性に配慮した資材調達等）

出典：「気候関連財務情報開示に関するガイダンス3.0　業種別ガイダンス」（TCFD）P26～31より一部抜粋

図表6　TCFD提言における農業・食料・林業製品グループの開示例

⑸ 温室効果ガス（GHG）の算出方法

　温室効果ガス（GHG：Green-House Gas）の算出および報告方法については「GHGプロトコル」という国際基準があり、各国はこれに基づいて行っている。このGHGプロトコルは2011年10月に地球の環境と開発の問題に関する政策研究と技術的支援を行う独立機関の「GHGプロトコルイニシアチブ」[10]で策定された。GHGプロトコルの特徴は、一つの企業から排出されるGHG排出量だけではなく、サプライチェーン全体における排出量も対象にしている点である[11]。

　スコープ1は、自社が所有する工場・設備や事業活動で直接的に排出されるGHGのことであり、ボイラー、発電機、社内の焼却炉等から排出されるGHGが該当する（図表7）。

　スコープ2は、自社の工場・設備や事業活動で使用するエネルギーの供給において間接的に排出されるGHGのことであり、電気であれば契約している電力会社から購入するエネルギーなどが該当するが、100％再生可能エネルギー由来でGHGを排出していないエネルギーは対象外となる。また、自家消費型太陽光発電など自社で発電した再生可能エネルギー由来

流通経路	Scoope	Category	項目	内容
上 流	3	1	購入した製品・サービス	原材料・部品、容器包装等が製造されるまでの活動に伴う排出
		2	資本財	自社の資本財の建設・製造に伴う排出
		3	Scoope1,2に含まれない燃料及びエネルギー関連活動	調達している燃料の上流工程（採掘、精製等）に伴う排出、調達している電力の上流工程（発電に使用する燃料の採掘、精製等）に伴う排出
		4	輸送・配送（上流）	報告対象年度に購入した製品・サービスのサプライヤーから自社への物流（輸送・荷役・保管）に伴う排出。またそれ以外の物流サービスで自社が負担しているもの。
		5	事業化から出る廃棄物	自社で発生した廃棄物の輸送、処理に伴う排出

自 社		1	−	直接排出	自社での燃料の使用等による直接的な排出
		2	−	間接排出	自社が購入した電気などによる間接的な排出
	3	6	出張	従業員の出張に伴う排出
		7	雇用者の通勤	従業員が通勤する際の移動に伴う排出
		8	リース資産（上流）	自社が賃借しているリース資産の操業に伴う排出
		14	フランチャイズ	フランチャイズ加盟社における排出
		15	投資	労使の運用に伴う排出

下 流	3	9	輸送・配送（下流）	自社が販売した製品の最終消費者までの物流（輸送、荷役、保管、販売）に伴う排出。（自社が費用負担していないものに限る）
		10	販売した製品の加工	事業者による中間製品の加工に伴う排出
		11	販売した製品の使用	使用者（消費者・事業者）による製品の使用に伴う排出
		12	販売した製品の廃棄	使用者（消費者・事業者）による製品の廃棄時に伴う排出
		13	リース資産（下流）	自社が賃貸事業者として所有し、他社に賃貸しているリース資産の運用に伴う廃棄

注　：環境省、経産省資料を基に筆者作成

図表7　サプライチェーン排出量におけるScoope 1、2、3のイメージ

の電気も含まれない。

　スコープ3は、自社の事業活動に関連する事業者や、製品の使用者が間接的に排出するGHGを指しており、該当する活動が15のカテゴリに分類されている。原材料の調達、輸送・配送、販売した製品の使用、廃棄などが該当するほか、従業員の出張や通勤、資本財やフランチャイズ、投資といった活動によるGHG排出量も含まれている。

※10 米国のシンクタンク「世界資源研究所（World Resources Institute：WRI）」と、持続可能な開発をめざす企業約200社のCEO連合である「世界経済人会議（World Business Council for Sustainable Development：WBCSD）」が主体となり1998年に発足。参加機関には政府機関、企業、NGOなどが含まれている。

※11 ここで対象となるGHGは、エネルギー起源CO_2、非エネルギー起源CO_2、メタン（CH_4）、一酸化二窒素（N_2O）、ハイドロフルオロカーボン類（HFCs）、パーフルオロカーボン類（PFCs）、六ふっ化硫黄（SF_6）、三ふっ化窒素（NF_3）である。

(6) ESG 経営

　ESG経営とは、自社の経営方針にESGを明確に位置づけて本業に組み込んだ経営のことである。大括りで整理すると、E（環境）は地球温暖化、環境汚染などの環境問題への取り組み、S（社会）は労働環境の改善、人権の配慮、地域活動等への貢献、G（企業統治）は積極的な情報開示、法令順守、社外取締役の設置等の実施のことである。

　近年、投資家が投資先企業を選択する際にその企業のESGへの取り組み状況により判断することが多くなってきたことから、その判断材料としてのESGスコアがクローズアップされている（図表8）。ESGスコアは、第三者評価機関が対象となる企業のESGにおけるパフォーマンスやリスクを測定・算出した指標のことである。しかしながら企業が開示すべき情報と、それを評価する基準については、企業や投資家の間に統一された明確な指針や基準がないことが課題となっている。そのため、第三者評価機関によってESG情報の収集項目や重視項目が異なり、同じ企業でも第三者評価機関ごとに評価が大きく分かれ、さらに評価を受ける企業側の負担も増大することになった。そこで、金融庁では、2022年12月に「ESG評価・データ提供機関に係る行動規範」を策定・公表した。

　この行動規範は、次のA〜Dを基本的な考え方としている※12。

環境（E）	社会（S）	ガバナンス（G）
◦温室効果ガス排出量	◦CEOと従業員の報酬差	◦取締役会のダイバーシティ
◦排出原単位	◦男女の報酬差	◦取締役会の独立性
◦エネルギー使用量	◦人材流入・流出の状況	◦報酬とサステナビリティの紐付け
◦エネルギー原単位	◦従業員の男女割合	◦団体交渉の状況
◦エネルギーミックス	◦派遣社員割合	◦サプライヤー行動規範の有無
◦水使用量	◦反差別に関する方針	◦倫理と腐敗防止に関する方針
◦環境関連事業	◦負傷率	◦データプライバシーに関する方針
◦環境リスク管理体制	◦労働安全衛生方針	◦サステナビリティ報告
◦気候リスク軽減に対する投資	◦児童労働・強制労働に関する方針	◦サステナビリティ関連開示
	◦人権に関する方針	◦外部保証の有無

出典：東京証券取引所「ESG情報開示実践ハンドブック」（2020年3月）P34

図表8　世界取引所連合のESG指標

A. わが国の金融市場に参加し、又は当該参加者に直接に、事業の一環として、投資判断に資するものとして、企業に関するESG評価・データを提供するサービスを行っていること

B. 当該サービス提供については、業として、すなわち、自らの事業の一環として反復・継続して行っているものであること

C. 上記のようにサービス提供を行う場合には、営利法人・非営利法人、内国会社・外国会社等、サービス提供の主体の属性に拘らず、基本的に対象となること

D. ESGデータの提供についても、上記AからCまでを満たし、企業データの試算・推計・その他の情報の付加を行う場合には、基本的に対象となること

　図表9に示しているとおり、6つの原則がそれぞれの指針と考え方としてまとめられているが、「投資家は、自らが投資判断等に用いているESG評価・データについて、評価の目的、手法、制約を精査・理解し、評価結果に課題があると考え得る場合等には、ESG評価・データ提供機関や企業と対話を行うべきである。また、投資家自身が投資判断においてどのようにESG評価・データを利用するかについての基本的考え方を、一般に明らかにすべきである」[※13] と提言している。

　今後、ESGスコアの評価項目等は統一化されていくものと考えられるが、

原則1 （品質の確保）
ESG評価・データ提供機関は、提供するESG評価・データの品質確保を図るべきであり、このために必要な基本的手続き等を定めるべきである。

原則2 （人材の育成）
ESG評価・データ提供機関は、自らが提供する評価・データ提供サービスの品質を確保するために必要な専門人材等を確保し、また、自社において、専門的能力の育成等を図るべきである。

原則3 （独立性の確保・利益相反の管理）
ESG評価・データ提供機関は、独立して意思決定を行い、自らの組織・オーナーシップ、事業、投資や資金調達、その他役職員の報酬等から生じ得る利益相反に適切に対処できるよう、実効的な方針を定めるべきである。
利益相反については、自ら、業務の独立性・客観性・中立性を損なう可能性のある業務・場面を特定し、潜在的な利益相反を回避し、又はリスクを適切に管理・低減するべきである。

原則4 （透明性の確保）
ESG評価・データ提供機関は、透明性の確保を本質的かつ優先的な課題と認識して、評価等の目的・基本的方法論等、サービス提供に当たっての基本的考え方を一般に明らかにするべきである。
また、提供するサービスの策定方法・プロセス等について、十分な開示を行うべきである。

原則5 （守秘義務）
ESG評価・データ提供機関は、業務に際して非公開情報を取得する場合には、これを適切に保護するための方針・手続きを定めるべきである。

原則6 （企業とのコミュニケーション）
ESG評価・データ提供機関は、企業からの情報収集が評価機関・企業双方にとって効率的となり、また必要な情報が十分に得られるよう、工夫・改善すべきである。
評価等の対象企業から開示される評価等の情報源に重要又は合理的な問題提起があった場合には、ESG評価・データ提供機関は、これに適切に対処すべきである。

出典：金融庁「ESG評価・データ提供機関に係る行動規範」（2022年12月）

図表9　ESG評価・データ提供機関に係る行動規範における6原則

企業にとってはなるべく早期にESGスコアを高めるための行動を起こすべきと考える。一般に、ESG評価を高める方法としては、① ESG情報を積極的に開示する、② 各評価機関に共通する高く評価される項目に優先的に取り組む、③ 社内の労働環境や資本金の配分を見直すとされている。さらに、内部監査にESG評価項目を取り込むESG監査を付加するのも実効性を確保する上で重要である。

※ 12 金融庁「ESG 評価・データ提供機関に係る行動規範」P11
※ 13 同 P34

③ カーボンニュートラル宣言・GX 推進法

(1) カーボンニュートラル宣言

　2020 年 10 月 26 日、菅義偉内閣総理大臣は所信表明演説のなかで、「我が国は、2050 年までに、温室効果ガスの排出を全体としてゼロにする、すなわち 2050 年カーボンニュートラル、脱炭素社会の実現を目指すことを、ここに宣言いたします。」と国内外に宣言した。さらに「もはや、温暖化への対応は経済成長の制約ではありません。積極的に温暖化対策を行うことが、産業構造や経済社会の変革をもたらし、大きな成長につながるという発想の転換が必要です。」とわが国の成長戦略の柱に経済と環境の好循環を位置づけた。そのカギとして、革新的なイノベーションと実用化を見据えた研究開発の促進を挙げ、さらに規制改革などの政策を総動員し、グリーン投資のさらなる普及を進めるとした。

　カーボンニュートラルとは、温室効果ガスの排出量と吸収量を均衡させることであり、このカーボンニュートラル宣言は 2050 年までに温室効果ガスの排出を全体としてゼロにすることである。排出を全体としてゼロというのは、二酸化炭素をはじめとする温室効果ガスの「排出量」から、植林・森林管理などによる「吸収量」を差し引いて、合計を実質的にゼロにすることであり、産業界等の温室効果ガスの排出量の削減とともに森林等の吸収作用の保全・強化の両面からの施策展開を意味している。

　日本の温室効果ガスの年間排出量は約 12 億トンであり、これを削減する施策として、一つは地域脱炭素ロードマップを 2021 年 6 月に策定した。これは、今後 5 年間に政策を総動員し、国も人材・情報・資金の面から積極的に支援することとし、これにより、① 2030 年までに少なくとも脱炭素選考地域を 100 カ所以上創出、② 脱炭素の基盤となる重点対策を全国で実施することで、地域の脱炭素モデルを全国に展開し、2050 年を待たずに脱炭素達成をめざすことになった。

二つに、地球温暖化対策推進法を 2021 年 5 月に改正した。その内容は、2050 年までの脱炭素社会の実現を基本理念に明記し、長期的な方向性を位置づけ脱炭素に向けた取り組み・投資を促進すること、地方創生につながる再生エネルギー導入を促進すること、ESG 投資にもつながる企業排出量情報のオープンデータ化を図ることである。

(2) GX 推進法

　グリーントランスフォーメーション（GX：Green Transformation）とは、温室効果ガスを発生させないグリーンエネルギーに転換することで、産業構造や社会経済を変革し、成長につなげることである。2023 年 2 月に「GX実現に向けた基本方針〜今後 10 年を見据えたロードマップ〜」が閣議決定された。基本方針では、2021 年 10 月に閣議決定した「第 6 次エネルギー基本計画」「地球温暖化対策計画」「パリ協定に基づく成長戦略としての長期戦略」を踏まえ、気候変動対策についての国際公約（2030 年度に温室効果ガス 46％削減〈2013 年度比〉、さらに 50％の高みに向けて挑戦を続けるとともに、2050 年カーボンニュートラルの実現をめざす）およびわが国の産業競争力強化・経済成長の実現に向けた取り組み等を取りまとめたものと位置づけている[※14]。この基本方針で特筆すべき事柄は、再生可能エネルギーの主力電源化を明記している点である。再生可能エネルギーは天候状況により出力変動を伴うことが欠点であるが、定置用蓄電池による脱炭素化された調整力の確保に向けた導入支援を図るべきとしている。

　この基本方針の具体化に向けて、2023 年 5 月「脱炭素成長型経済構造への円滑な移行の推進に関する法律」（GX 推進法）が通常国会で成立した。内容的には、① GX 推進戦略の策定・実行、② GX 経済移行債の発行、③成長志向型カーボンプライシングの導入、④ GX 推進機構の設立、⑤ 進捗評価と必要な見直しを法定するものである。具体的には、今後 10 年間で20 兆円規模のエネルギー・原材料の脱炭素化と収益性向上等に資する革新的な技術開発・設備投資等を支援するため、2023 年度から 10 年間で GX経済移行債（脱炭素成長型経済構造移行債）を発行し、財源は化石燃料賦課金・特定事業者負担金により償還することとされている。また、2028 年

度から、化石燃料の輸入事業者等に対して、化石燃料に由来する二酸化炭素の量に応じて化石燃料賦課金（いわゆる炭素税）を徴収するとともに、2033年度から、発電事業者に対して一部有償で二酸化炭素の排出枠（量）を割り当て、その量に応じた特定事業者負担金を徴収する排出量取引制度の導入が明記されている。この炭素課金（カーボンプライシング）については、ただちに導入するのではなく、GXに取り組む期間を設けた後で、エネルギーに係る負担の総額を中長期的に減少させていくなかで導入するとし、低い負担から導入し、徐々に引上げるというように産業界への一定の配慮がなされている。さらに、① 民間企業のGX投資の支援（金融支援〈債務保証等〉）、② 化石燃料賦課金・特定事業者負担金の徴収、③ 排出量取引制度の運営（特定事業者排出枠の割当て・入札等）等の事業を行うGX推進機構（脱炭素成長型経済構造移行推進機構）の設立が予定されている。

※14「GX実現に向けた基本方針～今後10年を見据えたロードマップ～」（2023年2月閣議決定）P 2

(3) 炭素課金（カーボンプライシング）

炭素課金（カーボンプライシング CP：Carbon Pricing）は、二酸化炭素 を排出する石炭、石油、ガスなどの化石燃料による発電などに課される賦課金などのことである。世界銀行では、「炭素排出に価格をつけることにより、排出削減および低炭素技術への投資を促進すること」と定義している。

カーボンプライシングは、脱炭素社会への移行を促す経済的手法であり、金銭的負担を求める「経済的負担措置」と補助金や税制優遇による「経済的助成措置」に大別される。また、図表10に示しているとおり「明示的カーボンプライシング」と「暗示的カーボンプライシング」にも分類される。明示的カーボンプライシングは、排出される二酸化炭素量に対して直接的に価格を付け排出量に応じた費用負担を課す仕組みで、二酸化炭素排出量の削減に直接的な影響を与えることになる。一方、暗示的カーボンプライシングは、消費者や生産者に対して間接的に温室効果ガス排出の価格を課す仕組みで、温室効果ガス排出削減に直結していないものの、結果的

明示的カーボンプライシング	炭素税	温室効果ガス（GHG）の排出量に応じた課税。負担を求めることで地球温暖化対策に誘導する「経済的負担措置」の代表的なもの。
	排出量取引制度	温室効果ガス（GHG）を排出する事業者に対して、政府が排出量の上限を定めた排出枠（キャップ）を設定。その上限を超えた場合には、上限に達していない事業者から余剰枠を買い入れ、排出削減の未達成分を補完する。
暗示的カーボンプライシング	エネルギー諸税	エネルギーに関係するライフラインに対しての課税。結果として、社会全体のエネルギーの消費パターンに影響を与える。「ガソリン税（揮発油税・地方揮発油税）」「石油石炭税（本則税率部分）」「石油ガス税」「航空機燃料税」「軽油引取税」「電源開発促進税」「温対税（石油石炭税に上乗せして課税される「地球温暖化対策のための税」のこと）」など。
	固定価格買取制度（FIT）	再生エネルギーの普及を目的とした制度。再生可能エネルギー（太陽光、風力、水力、地熱、バイオマス）で発電した電気を、電力会社が一定期間・一定価格で買い取る制度。電力会社が電気を買い取るための費用は、利用者の電気料金に「再エネ賦課金（再生可能エネルギー発電促進賦課金）」として上乗せされる。
	規制遵守のためのコスト	規制に遵守するために対策コストがかかるもの。「省エネ法（エネルギーの使用の合理化等に関する法律）」「温暖化対策推進法」などが地球温暖化対策の規制に該当。
	補助金、税制優遇	補助や税制優遇をおこない、排出削減への経済的インセンティブを与える措置。対象となる設備や製品等の導入が促進されると、結果として環境保全につながる。「再生エネルギー補助金」が代表的な例。

注 ：環境省資料をもとに筆者作成

図表 10　炭素課金（カーボンプライシング）の分類

に二酸化炭素の削減を促すものである。図表10の石油石炭税に上乗せして課税される「地球温暖化対策のための税」（温対税）は2012年から導入されており、この税収は再生可能エネルギーや省エネの導入など次世代エネルギー分野の発展のための財源となっている。税率は二酸化炭素1トン当たり289円であり、原油・石油製品に掛かる石油石炭税（1キロリットル当たり2,800円）の中に760円が温対税として組み込まれている。

　カーボンプライシングの導入について、GX推進法によると、施行後2年以内に制度設計に取り組むとされ、炭素に対する賦課金（化石燃料賦課金）、いわゆる炭素税については、2028年度から化石燃料の輸入事業者等に対して、化石燃料に由来する二酸化炭素の量に応じて化石燃料賦課金を徴収することとしている。また、排出量取引制度については33年度から、発電事業者に対して一部有償で二酸化炭素の排出枠（量）を割り当て、その量に応じた特定事業者負担金を徴収し、具体的な有償の排出枠の割当てや単価は、入札方式（有償オークション）により決定されることが法定されている。

　炭素税については、世界的にはすでにEUをはじめ多くの国において導入されているが、この炭素税と経済成長との両立を図ることが肝要である。低炭素型社会への移行で世界をリードしているスウェーデンの二酸化炭素

排出量1トン当たり119ユーロ（17,255円、1ユーロ＝145円）に比べて、日本の温対税は289円と非常に低い水準にあるが、これを一気にスウェーデン並みに引き上げるのは経済へのマイナス効果が非常に大きいものとなる。GX経済移行債等による官民150兆円超の投資による脱炭素社会への経済システムの転換を図りつつ2033年度からの炭素税の導入は、わが国が低位水準にある二酸化炭素の削減量とほぼ横ばいの経済成長の状況にあるなかでは妥当な移行期間といえよう。

　2022年12月、EUは環境規制の緩い国からの輸入品に国境炭素調整措置（国境炭素税）を導入することで合意した。世界初の措置で、鉄鋼、セメント、アルミニウム、肥料、電力、水素を対象とし、今後対象品目の拡大を検討するとしている。これは、EU域内の企業が環境規制の緩い他国に工場などの拠点を移して規制を逃れることを防ぐのが目的であり、課税によって域内外の負担を同水準にするためである。2023年10月からEUに輸出する企業は対象製品の排出量を当局に報告する義務を負うことになり、2026、27年頃にはEUの排出量取引制度の炭素価格に基づき、排出量に相当する金額の支払いが始まる予定である。

　EUの排出量取引は、「京都議定書目標達成にGHG削減のEUレベルでの具体的措置」を導入目的として2005年1月に開始された。発電、鉄鋼、セメント・窯業、パルプ・紙製造業等のエネルギー分野や産業分野における1万2,000以上の企業・施設を対象に、一定期間中の排出量の上限を課し、その上限を段階的に引き下げることによって排出量削減をめざす制度となっている。対象施設や企業は毎年排出実績を政府に提出し、排出枠を排出量が超えた場合、排出枠を購入し排出量を補填するなどの対応が求められている。つまり、企業に排出枠（キャップ）を設け、その排出枠内の余剰排出量や不足排出量を取引（トレード）するキャップ＆トレード制度であり対象企業は上限の範囲内で排出枠の売買が可能になる。単純に排出量を規制するのではなく、排出量を所有する排出枠の範囲内に収めることができた企業は余剰排出枠を市場で売ることが可能となり、排出削減に努力している企業ほどメリットがあるシステムである。今後、排出上限の削減率を引き上げるとともに、新たに海運、陸上輸送、化石燃料利用の建物

を対象に含めることで合意しているが、昨今の石油価格の高騰に配慮して実施時期を2026年以降としている。EUの排出量取引先物価格は上昇しており、2023年2月21日に初めて100ユーロとなった。また、EUの排出量取引総額は2021年に6,800億ユーロと莫大な金額となっている。

わが国の排出量取引については、2022年9月から23年1月まで東京証券取引所で実証が行われた。今後制度設計が行われ、2026年度には本格実施が予定されている。

4　むすび

サステナビリティ経営に明確な定義はないが、本稿では「ESG、SDGs、CSRなどを採用し、将来にわたり持続可能性の向上を図る経営」としたい。そして、このような経営に取り組むことは「企業価値が高まる」ことになる。企業価値は企業の値段であり、社会的な位置づけの尺度でもある。日本公認会計士協会によれば、事業価値とは「事業から創出される価値である。会社の静態的な価値である純資産価値だけではなく、会社の超過収益力等を示すのれんや、貸借対照表に計上されない無形資産・知的財産価値を含めた価値である」とされ、企業価値は「事業価値に加えて、事業以外の非事業資産の価値も含めた企業全体の価値である」と定義している（「企業価値評価ガイドライン」平成25年7月3日改訂版）。しかもサステナビリティ経営がもたらす企業価値は、取り組む過程（価値創造プロセス）についても開示されることでステークホルダーに訴求し評価されることになる。

それでは、この価値創造をどのようにして経営に反映していくのか。第2章に先進的な食品産業の取り組みが紹介されているが、各企業とも中長期経営計画のなかにサステナビリティを盛り込んでおり、このように自社のスタンスを明確化することがまず必要となる。たとえば、健康などの人間生活や環境・社会活動への貢献というように企業の意思を能動的に開示していくことである。次に、目標を達成するための指標を設定することである。重要なことは、5～10年の中長期経営計画での業績評価指標であるKGI（Key Goal Indicator）、1年程度の短期業績評価指標KPI（Key

Performance Indicator）をそれぞれ設定し、現時点での状態を検証し、目標の達成度を「見える化」することである。

　的確な評価・検証を行うためには、目的を明確にし、成果としてとらえられる目標の数値化を行うことが重要である。犯罪防止（目的）のため、街灯を整備（結果：アウトプット）し、犯罪発生率の低下（成果：アウトカム）を目標とするという例で考えてみよう。街灯の設置数を目標化すると、犯罪防止の目的が検証できなくなってしまう。つまり、アウトカム指標で評価すべきところをアウトプット指標段階で終わってしまい本来の目的を見失ってしまうことになる。

　実行段階で課題となるのは、サステナビリティと個々の社員の日常業務とのリンク（紐付け）をいかに行うかである。大企業となるとサステナビリティ専門の部署を設置するなどして取り組むことになるが、その部署に任せきりになり他人ごとになりがちである。あるいは上からの指示によるやらされ感が生まれ実効性を伴わないことになりかねない。重要なことは、トップからの明確なメッセージ、そしてPDCAサイクル等を活用したフィードバックで社員の参画意識を高め改善していくことである。

　サステナビリティ経営における企業価値の向上について、いくつかの要素ごとに述べたい。

①リスクの軽減

　リスク軽減として、一つは、想定される個別リスクへの対応である。図表8に示しているESG指標から想定すると理解が得やすい。たとえば、安定的に海外から原料を調達していたとしてもその生産様式の確認を怠っていた場合、低賃金労働や環境破壊等が露見したケースは、社会的な制裁を受け、その後の取引にも影響を受けるリスクがある。また、温室効果ガスの削減を「見える化」している企業とそうでない企業とでは、サプライチェーン全体で対応している（スコープ3）取引相手の企業にとっては大きな取引条件となる。

　二つ目は、想定外のリスクへの対応である。たとえば、今般のコロナ感染症のように過去のリスク事例を参考にBCP（事業継続計画）を構築して

も対応が困難な場合である。企業がこのような予測不可能な事態において乗り越えるためには自らのレジリエンス（Resilience）を高める必要がある。レジリエンスは、困難を柔軟に乗り越え回復する力のことであるが、それを有するのは社員であり会社組織である。サステナビリティ経営に取組むことは、必然的にレジリエンス力の向上につながるのである。

② 信頼性の向上

サステナビリティ経営への取り組み状況を開示することにより、株主、取引先、従業員、金融機関などのステークホルダーの信用が高まる。人材の定着化、取引・株主の安定化につながるとともに、機関投資家の安心した投資対象ともなる。さらに、消費者の信頼も高まり、企業や製品のブランド力の向上にも資することになる。

③ コストの削減

初期段階では、サステナビリティ関連投資が必要となるが、中長期的にはエネルギーや原材料の使用量、廃棄物の削減等により事業コストが削減される。この結果、良好な投資環境とも相まって財務体質の強化により中長期的な経営の安定に寄与することになる。

④ 人材の確保

2002 年からユネスコが中心となり世界中で ESD（Education for Sustainable Development：持続可能な社会の担い手を育む教育）が開始され、日本でも順次教育課程に取り込まれてきている。まもなく ESD 教育を受けた子どもたちが新社会人となる。新規学卒者が年々減少することは、企業にとって有望な新規雇用者確保がますます困難になることを意味する。企業が持続的に発展するために人材の確保は必須要件である。とくに、人材確保がメインテーマである中小企業においては最重要の課題である。これまで、企業は求職活動者を選抜する側にあったが、これからは企業が選別されることになる。その決め手として、企業のサステナビリティの取り組みが強く反映されることになろう。

このように企業のサステナビリティへの取組状況いかんによって、企業価値が決定づけられる時代になってきている。日本の食品企業は製品開発

力、技術は超一流だが、その経営形態は遅れていると海外から指摘されている。サステナビリティというメガ・トレンドのなかで、わが国の食品産業が世界に先んじて取り組み、持続的な成長軌道に到達されることを祈念する次第である。

〔参考文献〕
・農林水産省「みどりの食料戦略の実現に向けて」（2022年12月）
・金融庁「ESG評価・データ提供機関に係る行動規範」（2022年12月）
・東京証券取引所『ESG情報開示実践ハンドブック』（2020年3月31日）
・TCFDコンソーシアム「気候関連財務情報開示に関するガイダンス3.0」（2022年12月）
・公認会計士協会「企業価値評価ガイドライン」（2013年7月3日改正版）
・日本証券アナリスト協会「企業価値分析におけるESG要因」（2010年6月）

「みどりの食料システム戦略」を 通じた食品産業の サステナビリティ向上

農林水産省 大臣官房審議官（技術・環境）　岩間　浩

　国内外のあらゆるビジネスにおいて、SDGs や環境への対応が重要な評価基準となりつつある今日、わが国の農林水産業・食品産業においても、調達、生産、加工・流通、消費の各段階でサステナビリティへの対応が喫緊の課題となっている。このことは、新型コロナウイルスの発生、ロシアのウクライナ侵略等をきっかけに、サプライチェーンへの影響や食料、肥料、飼料等の価格高騰が顕在化するなか、輸入に過度に依存しない産業構造を確立する上でも重要である。

　わが国の農林水産業・食品産業がサステナビリティを向上させるためには、環境対応を経済成長の制約やコスト要因としてではなく、中長期的に新たな市場を創出するための機会として前向きにとらえ、食料システムとしてさらなる成長をめざすことが重要である。とくに、資源の乏しいわが国では、生産活動や消費活動にともなって発生する副産物や廃棄物を有効活用し、循環資源として新たな調達につなげることで環境と経済の向上を図っていく必要がある。

　こうした考えの下、2021 年 5 月、農林水産省は、食料・農林水産業の生産力向上と持続性の両立をイノベーションで実現するための政策方針として「みどりの食料システム戦略」を策定した。また、翌 22 年には、本戦略の基本理念を共有し、関係者が一体となって環境負荷低減に向け

た取り組みを推進するための法的枠組みとして、「みどりの食料システム法」が成立するなど、持続的な食料システムの構築に向けた施策の具体化が進められている。本稿では、農林水産業・食品産業の視点から、持続可能な食料システムの構築に向けた取り組み方向について説明する。

1　わが国の農林水産業・食品産業が直面する課題

(1) 地球温暖化への対応

　日本の年平均気温は、100 年あたり 1.30℃ の割合で上昇しており、世界平均の 2 倍近い上昇率で温暖化が進んでいる。農林水産業は気候変動の影響を受けやすい産業であり、高温による果樹等の品質低下や、降雨量の増加や災害の激甚化など、さまざまな被害が顕在化している。また、農産物の栽培適地の変化や病虫害の侵入・まん延といった将来に向けたリスクの増大が懸念されている。

　日本の温室効果ガス排出量のうち、農林水産分野の割合が 4.2%、食品飲料製造業の割合が 1.7% である一方、世界では、温室効果ガス排出量のうち、農業・林業・その他土地利用の割合が 22% を占めるなど、排出源としての位置づけが大きく異なる。また、日本の農林水産分野の温室効果ガスの内訳は、施設園芸や農業機械、漁船の化石燃料由来の CO_2 が 36%、水田の土壌や家畜の消化管内発酵（げっぷ）由来のメタンが 45%、残りが家畜排せつ物管理、施肥にともなう農用地の土壌から一酸化二窒素（N_2O）となっている（図表 1）。

　このようななか、わが国は、2020 年 10 月、菅総理大臣（当時）が、2050 年にカーボンニュートラルをめざすことを宣言し、21 年 10 月には、温室効果ガスを 2030 年度に 13 年度比で▲ 46% 削減する目標を掲げた政府の地球温暖化対策計画が決定され、現在は、環境改善と経済社会の変革を行う GX（グリーントランスフォーメーション）が推進されている。こうした状況を踏まえ、食料・農林水産業においても温室効果ガスの排出削減・吸収策や、温暖化に対する適応策を強化していく必要がある。

世界の農林業由来の GHG 排出量

出典：「IPCC 第6次評価報告書第3作業部会報告書（2022年）」を基に農林水産省作成
注　：「農業」には、稲作、畜産、施肥などによる排出量が含まれるが、燃料燃焼による排出量は含まない。

日本の農林水産分野の GHG 排出量

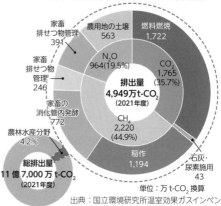

出典：国立環境研究所温室効果ガスインベントリオフィス「日本の温室効果ガス排出量データ」を基に農林水産省作成
注1：排出量の合計値には、燃料燃焼および農作物残渣の野焼きによる CH_4・N_2O が含まれているが、僅少であることから表記していない。このため、内訳で示された排出量の合計とガスごとの排出量の合計値はかならずしも一致しない。
注2：温室効果は、CO_2 に比べ CH_4 で25倍、N_2O で298倍。

図表1　世界全体と日本の農林水産分野の温室効果ガス（GHG）の排出

(2) 生物多様性への対応

　食料・農林水産業は自然の物質循環の促進により、その恵みを享受する生産活動であり、生物多様性が健全に維持されることによって成り立つ。また、作物や家畜は生物多様性を活かした種の改良によって安定的な生産が可能となる。しかしながら、世界全体の生物多様性は、これまでにない速さで失われており、気候変動と並ぶ国際的な重要課題とされている。2022年12月に開催された生物多様性条約第15回締約国会議（CBD-COP15）では、2030年を目標年とする生物多様性の新たな世界目標である「昆明・モントリオール生物多様性枠組」が採択され、生物多様性の損失を停止、反転させ、回復軌道に乗せる「ネイチャーポジティブ」（自然再興）がミッションとされた。

　このようななか、わが国は、2023年3月、新たな生物多様性国家戦略が決定され、2050年自然共生社会、2030年ネイチャーポジティブの実現に向けて、生物多様性と気候危機の「2つの危機」への統合的対応など社会の根本的改革を通じて、健全な生態系の確保、自然資本を守り活かす社

会経済活動を推進することとされた。こうした状況を踏まえ、食料・農林水産業においても、農山漁村における生物多様性と生態系サービスの保全、農林水産業による地球環境への影響の低減と保全への貢献、サプライチェーン全体での取り組みなどを進めていく必要がある。

⑶ SDGs や環境をめぐる国際的な動向への対応

　持続的な生産・消費への関心が高まるなか、ESG 投資の拡大など、持続性を確保する取り組みを新たなビジネスチャンス、差別化の手段ととらえる動きが加速している。諸外国では、食料・農業分野で環境や持続可能性に関する戦略を策定する動きが出ており、欧州委員会は、2020 年 5 月にFarm to Fork（農場から食卓まで）戦略を公表し、2030 年を目標年とする農薬や肥料、抗菌剤の使用削減に係る目標を設定、EU の食料システムをグローバルスタンダードにすることをめざすとしている。

　米国も、気候変動対策に意欲的なバイデン大統領が 2021 年 1 月の就任会見で、「米国の農業は世界で初めてネットゼロ・エミッションを達成する」と表明し、化石燃料補助金の廃止、気候スマート農法の採用奨励等などの大統領令を発出している。22 年 2 月には、「気候変動に強い商品のためのパートナーシップ」を公表し、温室効果ガス削減、炭素貯留技術を用いた農業生産方式等の実施と削減貯留効果の測定・定量化を行うパイロットプロジェクトに対する資金提供を行い、気候変動に強い米国産農産物の市場機会の創出を図ることとしている。

　このような世界的な潮流のなかで、わが国は、欧米とは気象条件や農業の生産構造等が異なるアジアモンスーン地域に位置していることを踏まえ、アジアモンスーンの持続可能な食料システムのモデルを構築し、世界に打ち出していく必要がある。

⑷ 肥料原料など国内資源の利活用に向けた対応

　わが国は農業生産に使用される化学肥料の原料のほとんどを輸入に依存している。とくに、肥料の三要素（窒素、リン酸、カリ）のうち、リン酸アンモニウムと塩化カリウムは全量を輸入しており、2020 年 7 月～ 21 年

6月のデータでは、リン酸アンモニウムの9割が中国からの輸入、塩化カリウムの26%がロシアおよびベラルーシからの輸入となっている。こうしたなか、21年秋以降、中国における肥料原料の輸出検査の厳格化やロシアのウクライナ侵略の影響により、わが国の肥料原料の輸入が停滞するとともに、肥料の国際価格もかつてない水準に高騰している。このため、家畜由来の堆肥の他、食品工場の残渣や下水に含まれる肥料成分などの国内未利用資源を活用し、輸入原料由来の化学肥料と置換えを進めることにより、農業の環境負荷の低減、肥料コストの削減を図り、輸入資源に過度に依存する状況を克服していく必要がある。

2 みどりの食料システム戦略の策定

わが国の食料・農林水産業は、生産者の減少・高齢化とこれにともなう地域コミュニティの衰退、地球温暖化にともなう大規模自然災害、コロナの発生等を契機としたサプライチェーンの混乱等に直面している。また、前述のとおり、国際的なルールメイキングも始まっている。このため、わが国として農林水産業や地域の将来も見据えた持続可能な食料システムの構築が急務となっている。

このような背景から、2021年5月、農林水産省は、食料・農林水産業の生産力向上と持続性の両立をイノベーションで実現するための新たな政策方針として、「みどりの食料システム戦略」を策定した（図表2）。本戦略では、2050年までにめざす姿として、

・農林水産業の CO_2 ゼロエミッション化の実現
・化学農薬の使用量をリスク換算で50%低減
・化学肥料の使用量を30%低減
・耕地面積に占める有機農業の取り組み面積の割合を25%（100万ha）に拡大

をはじめとする14の数値目標を掲げている。食品産業についても、2030年までに事業系食品ロスを2000年度比で半減、食品製造業の労働生産性を最低3割向上、食品企業における持続可能性に配慮した輸入原材料調達

持続可能な食料システムの構築に向け、「みどりの食料システム戦略」を策定し、中長期的な観点から、調達、生産、加工・流通、消費の各段階の取組とカーボンニュートラル等の環境負荷軽減のイノベーションを推進

現状と今後の課題

- ○生産者の減少・高齢化、地域コミュニティの衰退
- ○温暖化、大規模自然災害
- ○コロナを契機としたサプライチェーン混乱、内食拡大
- ○SDGsや環境への対応強化
- ○国際ルールメーキングへの参画

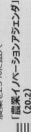

[Farm to Fork戦略]（20.5）
2030年までに化学農薬の使用及びリスクを50%減、有機農業を25%に拡大

[農業イノベーションアジェンダ]（20.2）
2050年までに農業生産量40%増加かつ環境フットプリント半減

農林水産業や地域の将来も見据えた持続可能な食料システムの構築が急務

目指す姿と取組方向

2050年までに目指す姿

- 農林水産業のCO_2ゼロエミッション化の実現
- 低リスク農薬への転換、総合的な病害虫管理体系の確立・普及に加え、ネオニコチノイド系を含む従来の殺虫剤に代わる新規農薬等の開発により化学農薬の使用量（リスク換算）を50%低減
- 輸入原料や化石燃料を原料とした化学肥料の使用量を30%低減
- 耕地面積に占める有機農業の取組面積の割合を25%（100万ha）に拡大
- 2030年までに食品製造業の労働生産性を最低3割向上
- 2030年までに食品企業における持続可能性に配慮した輸入原材料調達の実現を目指す
- エリートツリー等を林業用苗木の9割以上に拡大
- 2030年までに、ニホンウナギ、クロマグロ等の養殖において人工種苗比率100%を実現

戦略的な取組方向

- 2040年までに、革新的な技術・生産体系を順次開発（技術開発目標）
- 2050年までに、革新的な技術・生産体系の開発を踏まえ、今後、「政策手法のグリーン化」を推進し、その社会実装を実現（社会実装目標）

※政策手法のグリーン化：2030年までに施策の対象者を支援対象として持続可能な食料システムに対応することを目指す。2040年までに技術開発の状況を踏まえつつ、補助事業についてカーボンニュートラルに対応することを目指す。補助対象、補助要件等の実施に当たってはクロスコンプライアンス要件を充実。税制、融資等の持続可能な取組を後押しする観点から、その時点における必要な規則を見直し。

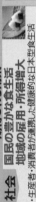

ゼロエミッション　持続的発展

革新的技術・生産体系を順次開発
開発されたつつある技術の社会実装

2020年　2030年　2040年　2050年

取り組み　技術

経済　持続的な産業基盤の構築

- 輸入から国内生産への転換（肥料・飼料・原料等）
- 国産農林水産物の評価向上による輸出拡大
- 新技術による多様な輸出先・生産者のすそ野の拡大

期待される効果

社会　国民の豊かな食生活　地域の雇用・所得増大

- 生産者・消費者が連携した健康的な日本型食生活
- 地域資源を活かした地域経済循環
- 多様な人々が共生する地域社会

環境　将来にわたり安心して暮らせる地球環境の継承

- 環境と調和した食料・農林水産業
- 化石燃料からの切替によるカーボンニュートラルへの貢献
- 化学農薬・化学肥料の抑制によるコスト低減

※アジアモンスーン地域の持続的な食料システムのモデルとして打ち出し、国際ルールメーキングに参画（国連食料システムサミット（2021年9月）など）

図表2　みどりの食料システム戦略（概要）　〜食料・農林水産業の生産力向上と持続性の両立をイノベーションで実現〜

の実現をめざす目標を掲げている。

　本戦略では、サプライチェーンの各段階における環境負荷の低減と労働安全性・労働生産性の大幅な向上をイノベーションにより実現していくため、個々の技術の研究開発・実用化・社会実装に向けた工程表を示し、現場で培われた優れた技術の横展開・持続的な改良と、将来に向けた革新的な技術・生産体系の開発を組み合わせて進めることとしている。また、「政策手法のグリーン化」として、補助・投融資・税・制度等の政策誘導の手法に環境負荷低減の要素を盛り込むことで、環境配慮の取り組みを促すこととしている。

　さらに、わが国は、欧米の冷涼乾燥な気象条件や生産構造と異なる特徴があることを踏まえ、本戦略を日本の気象条件や生産構造と近いアジアモンスーン地域における持続的な食料システムのモデルとして、国際ルールメイキングに参画していくこととしている。

3　みどりの食料システム戦略に基づく施策の具体化

(1) みどりの食料システム法の制定

　「みどりの食料システム戦略」は、新技術の開発・実装、これを活用した栽培方法の変更など、中長期にわたる取り組みとなる。このため、こうした取り組みを継続的に支援するための法的な枠組みとして、「みどりの食料システム法」（環境と調和のとれた食料システムの確立のための環境負荷低減事業活動の促進等に関する法律（令和4年法律第37号））が2022年4月に成立し、関係する政省令とともに同年7月に施行された（図表3）。

　同法は、生産者、事業者、消費者等の連携、技術開発・活用の推進や円滑な食品流通の確保といったみどりの食料システムに関する基本理念や、環境負荷低減に取り組む生産者や事業者の計画を認定し、税制措置等によりその取り組みを支援する「計画認定制度」を規定している。計画認定制度は、以下2通りの認定があり、認定を受けた者は税制特例や融資等の支援を受けることができる。

　①土づくり、化学農薬・化学肥料の削減、温室効果ガスの排出削減（省

制度の趣旨

みどりの食料システムの実現 ⇒ 農林漁業・食品産業の持続的発展、食料の安定供給の確保

みどりの食料システムに関する基本理念
・技術の開発・活用
・円滑な食品流通の確保 等

関係者の役割の明確化
・生産者、事業者、消費者の努力
・国・地方公共団体の責務（施策の策定・実施）

国が講ずべき施策
・関係者の理解の増進
・技術開発・普及の促進
・環境負荷低減に資する調達・生産・流通・消費の促進
・環境負荷低減の取組の見える化 等

基本方針（国）

申請 ↑↓ 認定

基本計画（都道府県・市町村）

協議 ↑ 同意
申請 ↑ 認定

環境負荷低減※2に取り組む生産者
生産者やモデル地区の環境負荷低減を図る取組に関する計画
（環境負荷低減事業活動実施計画等）

【支援措置】
・必要な設備等への資金繰りの支援（食品流通改善資金の特例）
・行政手続のワンストップ化（農地転用許可手続、補助金等交付目標の目的外使用承認）
・有機農業の栽培管理に関する地域の取決めの促進 ※3

新技術の提供等を行う事業者
生産者だけでは解決しづらい技術開発や市場開拓、大手、機械・資材メーカー、支援サービス事業者、食品事業者等の取組に関する計画
（基盤確立事業実施計画）

【支援措置】
・必要な設備等への資金繰りの支援（食品流通改善資金の特例）
・行政手続のワンストップ化（農地転用許可手続、補助金等交付目標の目的外使用承認）
・病虫害抵抗性に優れた品種開発の促進（新品種の出願料等の減免）
・機械・資材メーカー向けの日本公庫資金を新規で措置

・上記の計画制度に合わせて、必要な機械・施設等に対する投資促進税制、機械・資材メーカー向けの日本公庫資金を新規で措置

※1 環境と調和のとれた食料システムの確立のための環境負荷低減事業活動の促進等に関する法律（令和4年法律第37号、令和4年7月1日施行）
※2 環境負荷低減：土づくり、化学肥料・化学農薬の使用低減、温室効果ガスの排出削減 等
※3 モデル地区における取組

図表3 みどりの食料システム法※1のポイント

エネ設備の導入等）等の環境負荷低減に取り組む生産者の事業計画（環境負荷低減事業活動実施計画）を都道府県が認定する仕組み

②上記のような農林漁業者の取り組みを、技術の開発・普及や新商品開発等により側面的に支援する、機械・資材メーカーやサービス事業体、食品事業者等の事業計画（基盤確立事業実施計画）を国が認定する仕組み

⑵ 予算措置による支援

予算措置による支援として、資材・エネルギーの調達から農林水産物の生産、加工・流通、消費にいたるまでの環境負荷低減と持続的発展に向け、「みどりの食料システム戦略推進交付金」が新たに措置され、2022年度は全国で300件以上の取り組みが始まっている。

2022年度補正予算および23年度予算においても、化学農薬・肥料の低減など地域ぐるみのモデル的先進地区の創出、環境負荷低減に資する基盤技術の開発等の取り組みを推進するため、グリーンな栽培体系への転換、有機農業産地づくり等について交付金を活用した取り組みの支援、新品種・技術の開発、先端技術を用いたスマート農業技術の開発や現場への導入実証を行うこととしている。

また、みどりの食料システム法に基づく環境負荷低減事業活動実施計画や基盤確立事業実施計画の認定を受けた者に対しては、農林水産省の各種補助事業について、ポイント加算による優先採択が行われる。

⑶ 税制・金融措置による支援

「みどり投資促進税制」として、環境負荷低減に取り組む生産者および広域的に生産資材の供給を行う者が、みどりの食料システム法による計画認定制度に基づき設備等を整備する場合に、税制特例として機械等は32％、建物等は16％の特別償却が認められる。具体的には、環境負荷低減に取り組む生産者は、① 慣行的な生産方式と比較して、環境負荷の原因となる生産資材の使用量を減少させる設備等（土壌センサ付き可変施肥田植機など）、② その他環境負荷低減の取り組みに必要な設備等（水田除草機、

色彩選別機等）が対象となる。また、広域的に生産資材の供給を行う事業者は、化学農薬・化学肥料に代替する生産資材の製造設備等（堆肥の広域流通に資するペレタイザー等）が対象となる。

　また、環境負荷の低減に向けた日本政策金融公庫等の融資の特例措置として、スーパーL資金等の既存の制度融資に加えて、日本政策金融公庫等の低利融資として、環境負荷低減に取り組む生産者、事業者による設備等の導入に対する資金繰り支援が行われる。

(4) 環境負荷低減に資する技術の開発・普及

　みどりの食料システム戦略が掲げる生産力向上と持続性の両立を実現するカギとなるのがイノベーションの創出である。すでに気候変動に対する適応技術として、水稲については高温でも白未熟粒が少ない高温耐性品種、果樹については高温でも着色が良いブドウ品種、リンゴ品種などが開発されている。また、IoT、AI、ロボットなどを活用したスマート農林水産業は、労働力不足への対応だけでなく、たとえば、ドローンによるピンポイントでの農薬散布により、栽培のムラを防ぎ、農薬使用量の大幅な低減が可能となる。一方、各地域には、環境に優しいチェーン抑草や土壌の太陽熱養生処理、土壌改善や病害虫防除等に役立つカバークロップ、ブドウの色付きを改善する環状剥皮など、現場で培われてきた優れた技術があり、当面はこうした既存の技術の横展開の取組を支援しているところである。

　さらに、国際的な環境負荷の低減に資する技術として、農地土壌由来のメタン削減を可能とする水稲の水管理技術（中干し延期、間断かんがい技術）については、水田からのメタンの発生を30％以上削減できることから、稲作の盛んな東南アジア等における貢献が期待されている。また、窒素肥料の施用を減らしても収量を維持できる小麦品種として、多収コムギ品種に野生近縁種の生物的硝化抑制（Biological Nitrification Inhibition：略BNI）能を付与した「BNI強化コムギ」が開発され、窒素肥料の過剰投与に起因する環境負荷を低減することが期待されている。

食品産業のサステナビリティ向上に関する取り組み

⑴ サステナビリティ向上に取り組む意義

　これまで見たように、温室効果ガスの削減（脱炭素）や生物多様性の保全といったサステナビリティ向上への対応は、あらゆるビジネスにおいて対応しなければならない課題であるとともに、自らの経営を見直す機会や新たな活路を創出するチャンスとなるものである。

　たとえば、生産者が脱炭素に取り組むことは、① 脱炭素に関心をもつ投融資機関には新たな投融資を行う機会となる、② サプライチェーン全体の脱炭素化に取り組む食品加工事業者・流通事業者には、原材料の生産活動に関連する温室効果ガス排出量の把握をともなう Scope 3 への対応が可能となる、また、③ 脱炭素化に関心をもつ消費者には、商品選択に当たっての差別化が可能となるなど、生産者にとって、投資の呼び込み、販路の拡大、商品の差別化といった競争力向上につながるさまざまな意義を有している（図表4）。現在、農林水産省で進められている取り組みとして、環境負荷低減の「見える化」、カーボン・クレジット、事業者による情報開示の3点を紹介したい。

⑵ 環境負荷低減の「見える化」の推進

　農林水産業・食品産業の環境負荷低減の取り組みが持続的なものとなるためには、消費者の理解を醸成し、消費者・実需者から選択されることが不可欠である。一方、温室効果ガスの削減や生物多様性の保全といった環境負荷の低減の状況を、商品の外見から判別することは困難であり、化学農薬や化学肥料を使わない産品は、慣行品に比べ、外見や価格の面から選ばれにくい状況にある。このため、環境負荷を低減した産品が正しく認識され、選択されやすい状況をつくるため、生産者の環境負荷低減の努力の「見える化」に取り組んでいる。

　現在は、温室効果ガス削減の「見える化」として、温室効果ガスの排出が多い農作物の生産段階に着目し、標準的な慣行栽培からどの程度温室効果ガスを削減しているかを算定するためのツールとして「GHG簡易算定

○ 生産者が脱炭素アクションに取り組むメリットとして、投資の呼び込み、商品の差別化、販路の充実、商品の差別化に向けてのアピールが想定される。

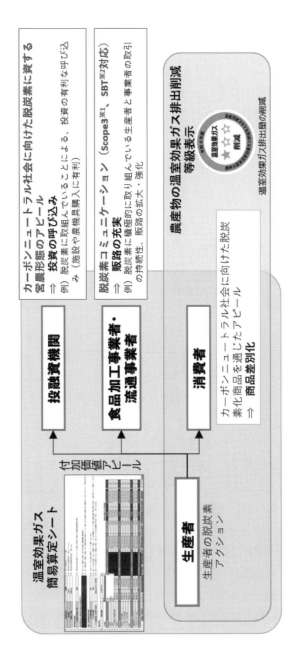

図表4　生産者による脱炭素化への取組のメリット

※1　Scope3：GHGプロトコルにおける排出の範囲の概念。ここでのScope3の数値とは、食品加工事業者の原材料や流通事業者への商品を納入した[生産者の活動に関連するGHGの排出量]を指す。

※2　SBT：パリ協定(世界の気温上昇を産業革命前より2℃を十分に下回る水準(Well Below 2℃)に抑え、また1.5℃に抑えることを目指すもの)が求める水準と整合した、温室効果ガス排出削減目標のこと。
5～15年先を目標年とする企業(ここでは食品加工事業者や流通事業者)が設定する。温室効果ガス排出削減目標のこと。

シート」を提供している。生産者とっては、これを活用することで温室効果ガスの削減の程度を把握することができる。さらに、食品加工事業者・流通事業者にとっては、原材料や商品となる農作物の生産活動にともなう温室効果ガスを把握でき（Scope 3）、事業活動全体にかかる温室効果ガス削減の定量化が可能となる（図表5）。現在、温室効果ガスの削減の程度に応じて、三つ星のマークで表示した農産物を店頭で販売する実証事業を100を超える店舗で行っており、今後、対象品目、店舗数を拡大するとともに、水田における生物多様性の見える化についても検討を進めていく考えである。

⑶ カーボン・クレジットの推進

　カーボン・クレジットとは、温室効果ガスの排出削減・吸収量をクレジットとして認証し、クレジット創出者とクレジット購入者の間で資金のやりとりが可能となる仕組みである。わが国においては、国がクレジットを認証する「J-クレジット制度」があり、農林漁業者には、削減・吸収の取り組みから生じるクレジットを通じて農林水産業の外から収入が得られるメリットがある。J-クレジットの登録件数477件（2023年3月末現在）のうち、農林水産分野は3割に相当する145件であり、うち農業分野が12件、食品産業分野が28件となっている。

　J-クレジットは、その対象となる取り組みが「方法論」として定められており、農林漁業者・食品事業者による実施が想定される方法論は、① 効率の良い空調設備の導入などの省エネルギー関連、② 木質バイオマス固形燃料による化石燃料等の代替、太陽光発電の導入などの再生可能エネルギー関連、③ 牛・豚・ブロイラーへのアミノ酸バランス改善飼料の給餌、家畜排せつ物管理方法の変更、茶園土壌への硝化抑制剤入り化学肥料等の施肥、バイオ炭の農地施用、水田における中干しの延長などの農業関連、④ 森林経営活動の4類型がある。

　登録件数の拡大、方法論の拡充に向け、制度の普及や方法論の策定に資するデータの収集・解析、プロジェクト形成の支援を進めていく考えである。

生産者の環境負荷低減の努力を「見える化」 R3年度まで

農業の脱炭素技術を分かりやすく紹介
○生産現場の脱炭素技術等を収集・整理（65事例）
水田の中干し期間延長、バイオ炭の利用、アミノ酸バランス改善飼料 等

農産物のGHG簡易算定シートの作成（コメ、トマト、キュウリで試行）
生産者の栽培情報を用いて、農地でのGHG排出量を試算。化学肥料・化学農薬削減や中干し延長などによる排出削減量と、たい肥やバイオ炭施用による吸収量を簡易に算定し、その地域での慣行栽培と比較して、当該生産者の栽培方法でのGHG排出が何割削減されたかを評価。

$$100\% - \frac{\text{排出（農業、肥料、燃料等）} - \text{吸収（バイオ炭・地肥）}}{\text{対象生産者の栽培方法での排出量（品目別）}} = \text{削減率（\%）}$$
地域又は県の標準的な栽培での排出量（品目別）

JAみやぎ登米 ×
TARO TOKYO ONIGIRI

イオンアグリ創造×イオン株式会社

「見える化」の範囲拡大・普及・広報 R4年度以降

消費者等にわかりやすい表示・広報
温室効果ガスの削減効果を等級ラベル表示した農産物（令和4年度はコメ、トマト、キュウリ）を実証販売。脱炭素技術をPOP等に書くことにより消費者に訴求。

コメ・トマト・キュウリの実証では、
削減率5%以上で★1つ、
削減率10%以上で★2つ、
削減率20%以上で★3つ
を付与

温室効果ガス ☆☆☆ 削減

（株）東急ストア

サンプラザ(Kawabata farm)

日本農業㈱

オイシックス・ラ・大地㈱

あぷ食堂

図表5　環境負荷低減の「見える化」の推進

⑷ フードサプライチェーンの事業者による情報開示の促進

　国内外の気温上昇や異常気象は、食料のサプライチェーンに対し、広範に影響を及ぼす可能性があることから、食品産業をはじめ、食料・農林水産業に関わる事業者においても、気候関連財務情報開示タスクフォース（TCFD）など、気候関連のリスク・機会に関する情報開示の取り組みが進められている。また、近年は企業や金融機関が自然や人々に不利益をもたらす資金の流れを減らし、自然環境にプラスとなる資金の流れに転換するため、自然関連財務情報開示タスクフォース（TNFD）など、自らの事業活動が環境や生態系に与える影響を評価、管理、報告する枠組みづくりが進められている。

　農林水産省においても、農林水産業・食品産業の気候変動対応および開示の促進を目的に、TCFDにおけるシナリオ分析の考え方と紐づけて構成する「食料・農林水産業の気候関連リスク・機会に関する情報開示」を手引書として作成・公表するなどの取り組みを進めているところである。

5　最後に

　食品産業のサステナビリティ向上には、自らの加工・流通段階の取り組みだけでなく、エネルギーや資材の調達段階、原材料となる農林水産物の生産段階にさかのぼり、サプライチェーン全体としての取り組みが求められ、その範囲も気候関連のみならず、自然関連も含めれば多岐にわたる。また、こうした取り組みの前提として、環境負荷を低減した産品が消費者に適正に評価され、選択される環境を形成することがきわめて重要となる。

　農林水産省としては、「みどりの食料システム戦略」に基づき、農林水産業のCO_2ゼロエミッション化、化学肥料・化学農薬の使用低減や有機農業の拡大、環境負荷低減の「見える化」、農林水産業・食品産業のサステナビリティ向上につながる施策を着実に推進することで、国内の食料システムを持続可能なものにしていくとともに、アジアモンスーン地域をはじめとする地球環境の課題解決、食料安全保障の強化に積極的に貢献してまいりたい。

先進的な食品企業の ESG 行動

～アンケート調査による実態分析～

高崎健康福祉大学　農学部准教授　　　　齋藤 文信

特命学長補佐 客員教授　櫻庭 英悦

1 はじめに

　近年、食品企業にとって ESG は、より重要性が高まっているキーワードであることは周知のとおりである。具体的には、ESG の各項目について継続的に取り組むことで SDG s（持続可能な開発目標）の達成に貢献できることから、長期的な企業成長と持続可能な社会実現の両立をめざすこととして位置づけられている。

　本節では食品企業の ESG 活動について、アンケート調査によりその実態と課題を具体的に明らかにしていく。

　アンケート調査は 2022 年 12 月～ 2023 年 5 月に実施し、先進的な食品企業（製造・小売）主要 16 社よりご回答いただいたものである。なお、サンプル数が少ないことから統計的な処理よりも傾向的な動きの分析に主眼を置いたことに留意されたい。

2 ESG の取り組み概況

　本項では ESG の取り組み状況について、明確に意識した時期やその契機、所掌部署の有無などの概況を整理する。

⑴ 明確に意識した時期

ESGを明確に意識した時期を図表1に示す。2018年が4社ともっとも多い。2006年に国連責任投資原則がESG投資を提唱し、2014年に国内でもESG投資への関心が高まったとされるが[※1]、その時期からやや遅れて意識されている。なお、不明と回答した企業には、創業当時から社会に貢献することを念頭に事業を行っていることから、明確にはわからないという回答があった。

また、契機となった事項としては、CSRの発展的推進や資本市場の動向（ESG投資の姿勢変化）や投資家からの要望、東日本大震災、ESG評価のメディア掲載による認知拡大などがあった。

そして、ESGやサステナビリティに関連する基本方針の策定状況は、全16社が策定済みであると回答している。

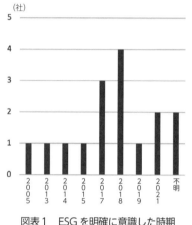

図表1　ESGを明確に意識した時期

※1　山本雅子「国内ESG投資の「過去」「現在」「未来」」『財界観測』野村ホールディングス（2016年10月）

⑵ ESG活動所掌部署について

ESG活動を所掌する部署について、専門の担当部署の有無や所属部門が14社はあると回答し、2社は専門部署なしと回答している。ただし、専門部署なしと回答したうちの1社は、複数の部署でESG活動を所掌しているため専門部署がないという回答である。所属部門としては図表2に示すが、その他が7社でもっとも多く、具体的な例では独立した部門であるケースやCSR関連部門、経営本部などがあった。ESG投資との関連から、所属部門に財務関連部門があるのではと予測したが、調査の結果、財務部門と回答した企業はなく、また広報・IRと回答した企業も2社に止まっていた。

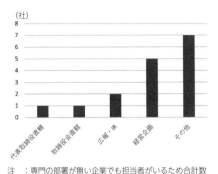

注 ：専門の部署が無い企業でも担当者がいるため合計数
　　は全16社である。

図表2　ESG活動所掌部門（担当）の位置づけ

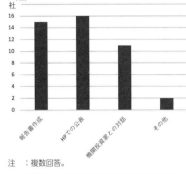

注 ：複数回答。

図表3　ESG活動の情報発信方法

⑶ ESG 活動の情報発信について

　ESG 活動の情報発信は全 16 社で行われており、具体的な情報発信・情報公開は図表 3 の方法で行われている。報告書作成、ホームページ（HP）での公表、機関投資家との対話など複数の方法により実施されている。

⑷ ESG 情報の公開状況評価

　全 16 社で行われている ESG 情報の公表であるが、自社の公開状況をどのように評価しているかについて確認したところ、「十分に公開されている」7 社、「一定程度公開されている」8 社となり、自社の評価視点では公開状況を一定程度以上の評価をしているといえる。

⑸ サスティナブルファイナンスの利用状況

　2020 年 12 月に金融庁では、サスティナブルファイナンスを持続可能な経済社会システムを支えるインフラとして位置づけ、サスティナブルファイナンス有識者会議を設置している。ESG 課題の解決について金融活動を通じて実現していくことは今後進展すると考えられるが、現時点での取り組み状況としては、サスティナブルファイナンスの利用は 16社中 6 社に止まっている。利用状況がやや低位に止まる要因については、別途調査が必要である。

⑹外部機関評価の利用

　外部機関による ESG 評価の利用状況は、1 社を除き 15 社で利用されている。外部機関による評価を行うことで、ESG 活動の評価分析が行われ、各事業におけるギャップ（課題）を把握し改善を図っていくことが期待される。

3　ESG 活動で難しい点

　重要性が高まるとされる ESG 活動であるが、環境・社会・ガバナンスという人類を取り巻くさまざまな課題にどう企業が貢献できるか、という長期的・多面的な目標であるため、活動に対する結果やフィードバックに中長期的な時間を要する事項が多い。では、実際にどのような活動が難しいと認識されているのかについて、本節で自由回答を活用した調査結果を紹介する。

　なお、本節ではテキストマイニング手法を用いた分析を中心に行っており、分析ツールとして「ユーザーローカル AI テキストマイニングによる分析」（https://textmining.userlocal.jp/）を使用した。また、テキストマイニング分析に際して回答企業の特定を防ぐために、各企業の個別具体的な商品名を一般的な名称に変更あるいは削除して分析している。

⑴ESG 活動（環境）において難しい点

　まず、ESG 活動の環境面で実施が難しい項目と具体的な内容は、図表 4 に示すように出現頻度から見ると、当然ではあるが「環境」というキーワードの出現回数がもっとも高頻度である。次いで、「環境」「コスト」「scope（Scope）」「CO_2」「削減」の出現頻度が高い。そして出現頻度からテキストクラウドを図示したものが図表 5、出現スコア（重要度を加味したもの）からテキストクラウドを図示したものが図表 6 である。この 2 つのテキストクラウドを比較すると、「scope」「シナリオ分析」「サプライチェーン」「トレーサビリティ」「tcfd」「物流部門」「csr 調達」の大きさに変化が確認できる。このことから、環境面での活動において難しい点としては、た

とえば Scope（1〜3）のように事業者自ら排出、他社から供給される電力・熱エネルギーによる間接排出、関連する他社からの排出というサプライチェーンを構成する各主体が対象であることや環境（気候）変動の不確実性が高く定量的な分析が難しい（シナリオ分析の困難性）ということが大きい。また、図表7では共起キーワードを図示しているが、この図から「環境」と「コスト」の両立、CO_2 削減をいかに実現するかが難しいということも明らかになった。

出現回数	7	6	5	3	2
単語	環境	コスト	scope co2 削減	tcfd 気候変動 情報開示 排出 目標 量 対応	排出削減 トレーサビリティ シナリオ分析 ghg csr調達 サプライチェーン フレームワーク 算出 原材料 施策 取り組み 取引先 負荷 実行 投資 把握

注 ：出現頻度が2以上のものを記載。

図表4　環境面の難点についての出現頻度

注 ：出現頻度が高い単語を複数選び出し、その値に応じた大きさで図示した。

注 ：スコア（重要度）が高い単語を複数選び出し、その値に応じた大きさで図示した。スコア算出は TF-IDF 法による統計処理。

図表5　ESG 活動（環境）上の難点出現頻度テキストクラウド

図表6　ESG 活動（環境）上の難点出現スコアテキストクラウド

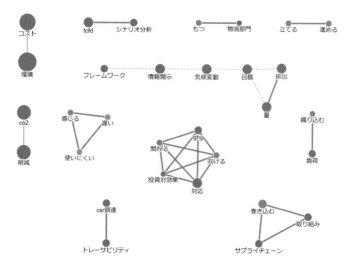

注 ：文章中に出現する単語の出現パターンが似たものを線で結んだ。出現数が多い語ほど大きく、また共起の程度が強いほど太い線で描画される。

図表7　ESG活動（環境）上の難点の共起キーワード

(2) ESG活動（社会）において難しい点

　2つめとして前項と同様にESG活動の社会面での難しい点を明らかにしていく。ESG活動の社会面で実施が難しい項目と具体的な内容は、図表8に示すように出現頻度から見ると、「人権」というキーワードの出現回数がもっとも高頻度である。次いで、「インパクト」「自社」「事業」「把握」「評価」の出現頻度が高い。また、他の2項目（環境・ガバナンス）と比較すると、出現頻度語句のバリエーションがやや多い傾向にある。そして出現頻度からテキストクラウドを図示したものが図表9、出現スコア（重要度を加味したもの）からテキストクラウドを図示したものが図表10である。この2つのテキストクラウドを比較すると、「サプライチェーン」「インクルージョン」「人権尊重」「事業活動」「グループ会社」「トレーサビリティ」「関係先」の大きさの変化が確認できる。このことから、社会面での活動において難しい点としては、環境面と同様にサプライチェーンを構成する各主体（関係先含め）に及ぶ内容であること、インクルージョンの観点が企業内に止まらないという認識があることがわかった。そして図表11に示す

共起キーワード図から、その課題（リスク）の把握・特定と対応が難しいという認識であることが明らかになった。

出現回数	10	6	4	3	2
単語	人権	インパクト	自社 事業 把握 評価	サプライチェーン グループ会社 取り組み 社会 目標 課題 対応 上	人権尊重 事業活動 インクルージョン サプライヤー 定量 国内外 ダイバーシティ 社会的 浸透 方針 国内外 リスク 特定 海外 影響 設定

注　：出現頻度が2以上のものを記載。

図表8　社会面の難点についての出現頻度

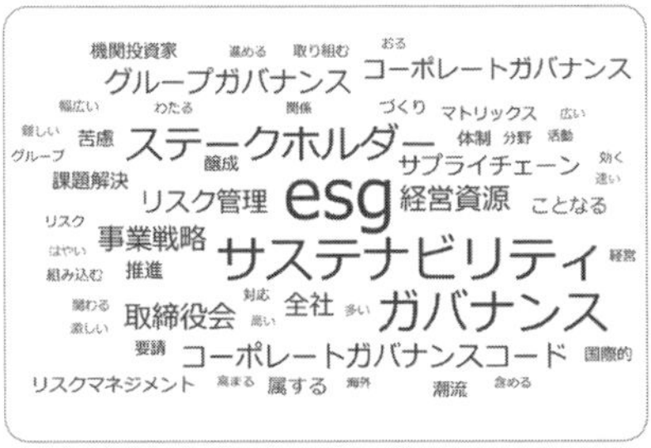

注　：図表5に同じ。

図表9　ESG活動（社会）上の難点出現頻度テキストクラウド

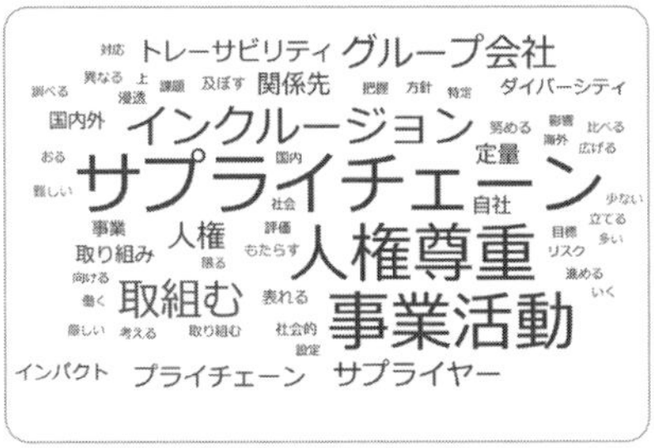

注　：図表6に同じ。

図表10　ESG活動（社会）上の難点出現スコアテキストクラウド

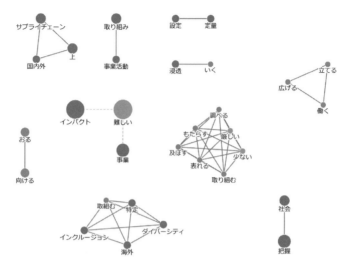

図表11　ESG活動（社会）上の難点の共起キーワード

⑶ ESG活動（ガバナンス）において難しい内容

　そして3つめとして前2項と同様にESG活動のガバナンス面での難しい点を明らかにしていく。ESG活動のガバナンス面で実施が難しい項目と具体的な内容は、図表12に示すように出現頻度から見ると、「ガバナンス」「グループ」「対応」というキーワードの出現回数がもっとも高頻度である。次いで、「ESG（esg）」「サステナビリティ」「体制」「ステークホルダー」の出現頻度が高い。また、他の2項目（環境・社会）と比較すると、出現頻度語句のバリエーションが少ない傾向にある。そして出現頻度からテキストクラウドを図示したものが図表13、出現スコア（重要度を加味したもの）からテキストクラウドを図示したものが図表14である。この2つのテキストクラウドを比較すると、出現頻度が高い語句の数と出現スコアの高い語句の数が異なる点が特徴的である。出現頻度が高く大きく表示された語句が出現スコアでは小さくなり、逆に出現頻度低く小さく表示された語句が出現スコアでは大きくなるという語句が多い。つまり、出現頻度と比較すると出現スコアが全体として平均的に高くなる語句が多いことがわ

出現回数	5	4	3	2
単語	ガバナンス グループ 対応	esg サステナビリティ 体制	ステークホルダー 推進 海外 関係	取締役会 リスク管理 全社 要請 づくり 分野 経営 リスク 活動

注　：出現頻度が2以上のものを記載。

図表12　ガバナンス面の難点についての出現頻度

注　：図表5に同じ。

図表13　ESG 活動（ガバナンス）上の難点出現頻度テキストクラウド

注　：図表6に同じ。

図表14　ESG 活動（ガバナンス）上の難点出現スコアテキストクラウド

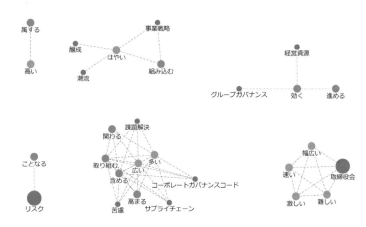

注　：図表7に同じ。

図表15　ESG 活動（ガバナンス）上の難点の共起キーワード

かる。そして、図表15の共起キーワードを踏まえると、ガバナンス面で難しい点は、ガバナンス対象が多岐・多方面に及ぶことであることが明らかになった。

4 ESG を進める上での課題と今後の強化項目

前項では、ESG 活動で難しい点について自由回答（記述回答）をテキストマイニングにより分析した。本項では、ESG 推進上の課題や強化の意向としてはどのような点があるのかを明らかにしていく。

(1) ESG 推進上の重要な課題

ESG 推進上の重要な課題について重要と思われる順に1位から3位までの8つの選択肢から選択してもらったところ、図表16に示す結果であった。1位（もっとも重要）として回答が多かったのは「全社的浸透が難しい」（5社）で、次いで「組織横断的対応が必要」（4社）であった。なお、回答全体から見ると「組織横断型対応が必要」と回答した企業は9社であり、多くの企業が重要な課題として認識していることがうかがえる。同様に重要度は1位と回答した企業がなく、2位（3社）3位（5社）となった「海外支社との関係」は回答全体では8社が重要な課題と認識していることが明らかになった。これを各順位にウェイト付けしたのが図表17である。「全

	回答全体	1位	2位	3位
全社的浸透が難しい	8	5	3	0
組織横断型対応が必要	9	4	4	1
効果が見えにくい	6	3	1	2
国の制度変更への対応	7	1	1	5
社会的評価が未確定	4	1	2	1
海外支社との関係	8	0	3	5
工場等への理解浸透	1	0	1	0
その他	2	1	0	1

注　：回答のなかった1社を除く15社分の回答。

図表16　ESG 推進上の重要な課題とその重要度（社数）

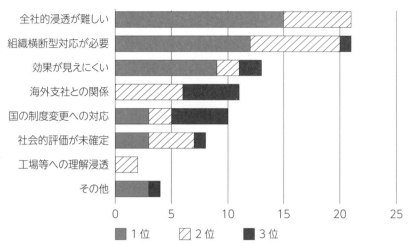

注 ：1位＝3点、2位＝2点、3＝1点のウェイト付けして集計した。

図表17　ESG 推進上の重要な課題とその重要度

社的浸透が難しい」なかで「組織横断型対応が必要」と認識されている。一方で「効果が見えにくい」「社会的評価が未確定」と ESG 推進上の難しさを回答している。先の「サステナビリティ経営概論」でも指摘されているが、ESG スコアの定型化・一般化が待たれるところである。

(2) 今後強化したい ESG 項目

　今後、もっとも力を入れていきたい ESG 項目は、図表18に示すように「環境」が9社ともっとも多く、次いで「社会」「ガバナンス」の順であった。食品企業の特徴でもある1次産業からの原料調達から最終消費者にいたるプロセスにおいて、環境が密接に関わることがその要因として考えられる。このこと

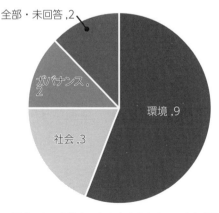

図表18　今後もっとも力を入れたい ESG 項目

から、サプライチェーン全体での二酸化炭素排出量の削減が今後活発に進められるものと示唆される。

5　おわりに

　今回のアンケート調査では、ESG という用語そのものが新しいこともあり、その定義や基準が明確ではないことが回答される側にも影響したと考えられる回答内容があった。

　そして ESG の各項目のうち、組織内部に主眼が置かれると考えられる S（社会）や G（ガバナンス・管理体制）であっても、サプライチェーンやステークホルダーといった外部組織との関係が課題（対応を難しくさせるもの）であることが明らかになった点は、当初の予想とやや異なる結果であった。また、E（環境）については、費用対効果を意識しつつ、CO_2 削減といった比較的効果を数値化し可視化しやすい活動をさらに進めることが重要であるといえるが、物流を含め取引先等のサプライチェーンが重層化し対応が難しくなっていると推察される。一方で環境と経済のバランスを考慮し、持続可能な社会（企業経営）をめざす上でも、環境面の活動は基礎的な活動であることが本アンケートから指摘できる。

　先進的企業からの回答が中心であったことから、輸出に止まらず海外支社の設置など海外展開を図る企業が多く、ESG 推進上の課題としてグローバル性に起因するものが多いことも本アンケート結果の特徴であるといえる。

　最後に、ご多忙のところアンケート調査にご協力いただいた 16 社のご担当者と回収にご協力頂いた日本食糧新聞社の方々に感謝申し上げる。

第 2 章

食品産業界の実践

Cheer the Future

～おいしさと楽しさで、未来を元気に～

アサヒグループホールディングス株式会社

　私たちは世界各地で100年以上にわたり、自然の恵みと自然の力によって、数々の「期待を超えるおいしさ」を生み出してきた。一方で、私たちのビジネスが環境や社会全体に及ぼす潜在的な影響を管理する必要があると考えている。当社グループはこうした課題に正面から向き合い、サステナビリティを経営の根幹に置き、環境や社会にプラスの価値を生むことで事業の持続的な成長へと変革する。

　より良い未来づくりに向かうわれわれの意志を「Cheer the Future」という言葉に込め、さまざまなアクションにつなげていく（図表1）。

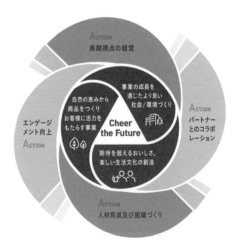

図表1　サステナビリティ・ストーリー

コーポレートステートメント「Cheer the Future」を中心に据え、アサヒグループのサステナビリティ戦略を風車に見立てて構造化。中心の円は、事業を通じて持続可能な社会に貢献するというサステナビリティと経営の統合のサイクルを表す。外側の4つの羽根には、私たちがとるべき具体的なアクションを示した。自然の恵みから得る力と、私たち自身のアクションによりこの風車を動かす。

1 アサヒグループのマテリアリティ

　当社グループは未来への約束として2022年に「Cheer the Future」をコーポレートステートメントに掲げ、サステナビリティに関する取り組みを「サステナビリティ・ストーリー」として策定した。そして、2020年に刷新したマテリアリティについても改めて見直しを行い、サステナビリティと経営の統合を加速するべく重点方針を定めるとともに、取り組みテーマを再整理。そのうえで、取り組みテーマの中から経営資源を集中させて取り組む重点テーマを設定した（図表2）。

　取り組みテーマのなかでも「気候変動への対応」「持続可能な容器包装」「人と人とのつながりの創出による持続可能なコミュニティの実現」「不適切飲酒の撲滅」「新たな飲用機会の創出によるアルコール関連問題の解決」

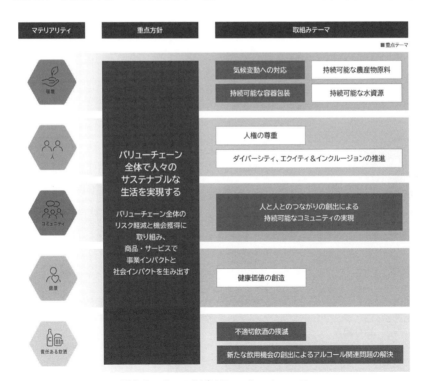

図表2　サステナビリティフレームワーク

を重点テーマとし、これら重要テーマごとのタスクフォースを通じてグループ全体の目標を各 Regional Headquarters（RHQ）の目標・計画に落とし込み、グループのサステナビリティ・ガバナンス体制のもとで進捗管理を行っている。次項から各重要テーマと取り組みについて記す。

2 気候変動への対応

　当社グループは、気候変動への対応が喫緊の課題であると認識しており、2050 年までに CO_2 排出量"ゼロ"をめざす目標「アサヒカーボンゼロ」を 2018 年に設定した。目標達成に向けては、製造工程における蒸気などの排熱回収利用、缶列常温充填化などの冷熱利用、コージェネレーション設備の導入、燃料転換、ISO14001 を活用した全事業場での活動などさまざまな省エネ・環境施策を実施していく。

　「アサヒカーボンゼロ」は、SBT イニシアチブ[※1]から Scope1、2 において「1.5℃目標」の認定を取得している。また、2020 年 10 月に国内飲料業界としては初となる RE100 に加盟した。

　「アサヒカーボンゼロ」の達成に向けた取り組みを加速させるため、再生可能エネルギーの導入、活用を進めている。2025 年までに、日本国内全生産拠点での購入電力の再生可能エネルギー化を目指すとともに、海外を含めた生産拠点全 70 工場（22 年 3 月時点）のうち約 9 割となる 62 工場を再生可能エネルギー化する予定で進めている（図表 3）。

　オランダのロイヤルグロールシュ社では、カーボンニュートラルな醸造所を

図表 3　コ・ジェネレーションシステムを活用した取り組み

アサヒビール茨城工場
2021 年 1 月日本海側の寒波の際、暖房利用が増加し電力が不足。東京電力パワーグリッド社の電力融通の要請に応えて、グループをあげて自家発電する電力量を増加させ協力した。

めざして、バイオマス発電による電気、熱、蒸気を供給する Twence 社から発電時に発生する熱エネルギーの供給を受ける契約を締結し、2022 年からグリーン熱の利用を開始した。

　また、CO_2 排出量削減の新たなモデルとして、ビール工場排水由来のバイオメタンガスを利用した固体酸化物形燃料電池（SOFC）による発電の実証事業をアサヒビール㈱茨城工場にて 2020 年から開始した。

※1　SBT（Science Based Targets。）。企業の CO_2 排出量削減目標が科学的な根拠と整合したものであることを認定する国際的なイニシアチブ。

3　持続可能な容器包装

　循環社会の実現に向けて、容器包装による環境負荷の低減は重要な課題であり、環境負荷の高いプラスチックについては、とくに力を入れて取り組むべき課題であると考えている。私たちは、グループ全体目標「3R+Innovation」を策定した。

〔3R+Innovation〕

・2025 年までにプラスチック容器を 100％有効利用[2]可能な素材とする

・2030 年までに PET ボトルを 100％ 環境配慮素材[3]に切り替える

・環境配慮新素材の開発・プラスチック容器包装を利用しない販売方法を検討する[4]

　アサヒ飲料㈱は、PET ボトルからラベルをなくすことでラベルに使用される樹脂量を削減した「ラベルレス商品」の販売を拡大している（図表4）。廃棄時の分別でも、ラベルをはがす手間が省け、環境に配慮しながら消費者の利便性も向上させる「ラクしてエコ」を実現する商品となっている。さらに、ケミカル

図表4　ラベルレス商品

レーザーマーキング技術を活用した「十六茶」ダイレクトマーキングボトル（アサヒ飲料）。

リサイクル PET 樹脂の利用も開始している。

　また、アサヒビバレッジズ社は、パッケージ製造会社や廃棄物管理サービス会社と共同で豪州南東部にリサイクル PET ボトル原料の製造工場を建設する合弁契約を締結、2022 年 2 月から稼働している。

　※2　リユース可能、リサイクル可能、堆肥化可能、熱回収可能等（対象会社：アサヒビール、アサヒ飲料、アサヒホールディングスオーストラリア）
　※3　リサイクル素材、バイオマス素材、生分解性素材等
　※4　対象会社：アサヒビール、アサヒ飲料、アサヒブリュワリーヨーロッパ、アサヒホールディングスオーストラリア、アサヒグループホールディングスサウスイーストアジア

④ 人と人とのつながりの創出による持続可能なコミュニティの実現

　私たちは、改めて「つながり」を見直し進化させることが重要という考え方から、コミュニティの活動スローガンを「RE：CONNECTION」と定めている。このスローガンのもと、従業員は事業との関連性の高い「食」「地域環境」「災害支援」の領域で積極的に地域貢献活動を行っている。従業員が自ら地域社会の課題解決に貢献し、つながりを創出することで、コミュニティの活性化をめざしている。

(1) 持続可能な農産業
　「FOR HOPS」は、ピルスナービールに欠かせないチェコ産のホップを水不足から守るため、先端テクノロジーの力で、効率的な灌漑の仕組みを構築するプロジェクト。ピルスナービールの味の立役者、伝統のホップを守り抜くため、栽培システムを変革する試みを始めている。

　また、アサヒバイオサイクル㈱では、ビール醸造時の副産物であるビール酵母の細胞壁を使い、肥料や土壌改良材向けの農業資材を開発した。この資材は植物の免疫力強化や土壌環境の改善に寄与して農薬や化学肥料の使用を低減でき、

図表5　ビール酵母細胞壁を活用した
　　　　独自技術で農業支援
慣行農法による栽培との比較、根の張り具合が異なる。
（写真：アサヒバイオサイクル）

ビールを含めた飲食料品の原料を産出する持続可能な農業生産の環境負荷低減に役立つ。国内では多くの農業者が使い、海外でも事業化をすすめ、国際協力機構（JICA）と提携、開発途上国での農業開発にも協力している（図表5）。

(2) コミュニティ支援活動

「希望の大麦プロジェクト」では、大麦を栽培して加工商品を販売することで、東日本大震災で被災した宮城県東松島市の復興を支援している。

また、地域の社会課題解決への貢献やサステナビリティに特化した事業会

図表6　森のタンブラー
アサヒユウアスの商品、植物原料を 55％活用したエコタンブラー。

社であるアサヒユウアス㈱は、利用価値の低い茶葉や、観光客減少で余ったイチゴなどを原料としたクラフトビールを開発し、地域固有の課題解決や地域産業の活性化に貢献している（図表6）。

5　責任ある飲酒

酒類は長い人類の歴史の中で、日々の暮らしに喜びと潤いをもたらすとともに、お祝い事など人生の節目でも、大きな役割を果たしている。一方で、不適切な飲酒によって、個人や家庭、社会にさまざまな問題を起こすことも、よく認識している。当社グループはグローバルで酒類を扱う企業として、適正飲酒への取り組みを推進し、酒類文化の発展に貢献する。

(1) 不適切飲酒の撲滅

私たちは、グループ飲酒方針の実現に向け、2020 年に「Responsible Drinking Ambassador」というグローバルスローガンを策定した。従業員一人ひとりが「責任ある飲酒」に責任をもち、グループ飲酒方針の実現に向けた行動をすることが、方針の実現への第一歩であるとの考えから「Ambassador」（大使）という言葉をスローガンに入れた。「Ambassador」

としての意識の醸成や知識の修得のため、これまでは酒類を扱う事業会社のみで行っていた適正飲酒に関するeラーニングを、酒類以外の事業会社にも拡大するなどの取り組みを開始している。

(2)新たな飲用機会の創出によるアルコール関連問題の解決

アサヒビール㈱では、2020年12月から「スマートドリンキング」を提唱している。状況や場面における飲み方の選択肢を拡大し、多様性を受容できる社会を実現するために、商品やサービスの開発、環境づくりを推進する（図表7）。21年3月からは、主な商品に含まれる純アルコール量を、ホームページ上で開示。同時に缶体への表記も開始し、23年にはすべての缶容器商品での完了をめざす。また、2025年までには、アルコール分3.5%以下のアルコールおよびノンアルコール商品の販売容量構成比を20%に拡大していく予定である。

さらに、アルコール分1%未満の商品を、新カテゴリー"微アルコール"として展開。2021年には約5億円の設備投資を実施し、アサヒビール㈱吹田工場に脱アルコール製法の蒸留設備を新設することで、"微アルコール"商品の製造能力を従来の2倍に強化した。

図表7 アサヒビール ミュージアム
吹田工場内に2022年4月オープン。カフェエリアでは、来場者のニーズに合わせたバラエティー豊かなドリンクを提供することで、「スマートドリンキング」を推進。

6 おわりに

私たちは、ミッションにも掲げるように、世界各地で自然の恵みから"おいしさと楽しさ"を生み出してきた。これからも、当社の商品とサービスを通じて、人と自然・コミュニティ・社会とのより良いつながりを支援し、"かけがえのない未来"を元気にしていく。

アミノサイエンス®で人・社会・地球のWell-beingに貢献

味の素株式会社

　味の素株式会社の歴史は、「日本人の栄養状態を改善したい」と願っていた池田菊苗博士が1908年に昆布だしに含まれるグルタミン酸がうま味のもとであることを発見し、創業者の二代鈴木三郎助が「味の素®」として製品化したことから始まる。この創業時の「おいしく食べて健康づくり」という志は100年以上経過した現在も、社会課題を解決しながら社会価値と経済価値を共創する取り組みである ASV（Ajinomoto Group Creating Shared Value）として受け継がれている。

図表1　経営理念 "Our Philosophy"

味の素グループは2023年2月末に「中期ASV経営 2030ロードマップ」を発表し、志（パーパス）を「食と健康の課題解決」から「アミノサイエンス®で人・社会・地球のWell-beingに貢献する」と進化させた（図表1）。サステナビリティを中心に据え、企業価値向上に向け、グループ一丸となって取り組んでいる。

1　進化したパーパスのベースとなるマテリアリティ

　今回の「中期ASV経営 2030ロードマップ」を描くベースになっているのが、サステナビリティ諮問会議より「サステナブルな未来への希望と期待」として答申されたマテリアリティである。このマテリアリティ答申のプロセスには、長期を見据え、かつ当社らしい特徴がある。

　まず、諮問会議の社外有識者メンバーは、他社のサステナビリティ委員会の経験ではなく、長期的な視点で味の素グループの重要なパートナーとなるであろうステークホルダーを代表できる、卓越した知識と視野を持つ各専門家が選ばれていることである。

　それとともに、サステナビリティ諮問会議の位置づけを取締役会、経営執行を含むコーポレートガバナンス構造の一部として取締役会の委任に基づく独立的な会議体とした。より大きなガバナンス構造の構成要素として、諮問会議を位置づけることにより、諮問会議メンバーの持つ資質やリソースを活かし、自由で建設的な対話を促進することを可能にした（図表2）。

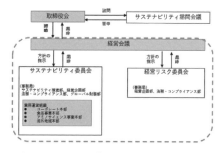

図表2　サステナビリティ諮問会議の位置づけ

　同時に当社は、企業経営陣による戦略立案と諮問会議によるマテリアリティの特定という二つのプロセスを統合した。このことで、よりダイナミックな議論を展開することができ、味の素グループのイノベーションや変革の力を構築するチャンスにつなげることができ、長期を見据えた戦略かつ

変革としてのサステナビリティについて対話し、未来志向のマテリアリティ策定を実現できた。

図表3の「アミノサイエンス®によるWell-being」とは、人間が求める豊かさの質を"Well-being"へと転換し、アミノサイエンス®の力で地球環境を再生し可能性を広げることで、サステナブルに成長していく味の素グループの未来に向けての考え方を示している。また、無限大のメビウスの輪はサステナブルな成長を意味しており、その成長の考え方はパーパス（アミノサイエンスで人・社会・地球のWell-beingに貢献）とまさにつながるものである。最終的なマテリアリティ項目は図に示したアミノサイエンスでWell-beingに貢献する価値創造における「重要事項」として策定している。

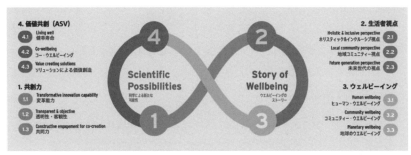

図表3　アミノサイエンス®によるWell-being

このようにまとめあげたマテリアリティは、長期的で主観的な変革の道筋であり、ポストSDGsのグローバルアジェンダを見据えた、2050年という長期視点で持続的に企業価値を高めていくことをめざしたものとなっている。目標設定して進捗を追うだけではなく、関わりの深いステークホルダーとの対話を行うとともに、適時の目標再設定や変更、更新もともなうものである。

2　サステナビリティに対する考え方

味の素グループは、2030年までに「10億人の健康寿命の延伸」と「環境負荷の50%削減」のアウトカムを両立して実現することが必要と考えて

いる。味の素グループの事業は、健全なフードシステム、つまり安定した食資源と、それを支える豊かな地球環境の上に成り立っている。一方で事業を通じて環境に大きな負荷もかけており、地球環境が限界を迎えつつある現在、その再生に向けた対策は事業にとって喫緊の課題であり、気候変動対応、食資源の持続可能性の確保、生物多様性の保全といった「環境負荷削減」によって初めて「健康寿命の延伸」に向けた健康でより豊かな暮らしへの取り組みが持続的に実現できると考えている。味の素グループは事業を通じて、おいしくて栄養バランスの良い食生活に役立つ製品・サービスを提供するとともに、温室効果ガス、プラスチック廃棄物、フードロス等による環境負荷の削減をよりいっそう推進し、また、資源循環型アミノ酸発酵生産のしくみ（バイオサイクル）を活用することで、強靭で持続可能なフードシステムと地球環境の再生に貢献していく。さらに、味の素グループの強みであるアミノサイエンス®を最大限に活用し、イノベーションとエコシステムの構築により、フードシステムを変革していきたいと考えている（図表4）。

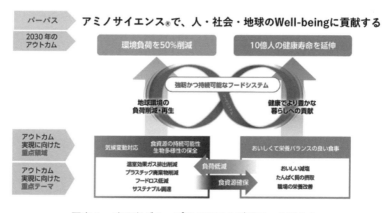

図表4　味の素グループのサステナビリティの考え方

③　10億人の健康寿命延伸に向けた取り組み

⑴栄養へのアプローチ

日本政府主催により行われた東京栄養サミット2021を契機に当社は「栄

養コミットメント」を発表し、このサミットを通じて国内外に発表することで、社会に向けてその実現を約束した。その基本姿勢は、「妥協なき栄養」（Nutrition Without Compromise）である。「おいしさ」「食へのアクセス」（あらゆる人に栄養を届ける）」「地域や個人の食生活」の３つに妥協せずに減塩等の栄養バランスの改善を推進するという考え方で、地域の生産者、流通、NGO、アカデミア等と連携し、各地域の食文化やおいしさを大切にしながら健康課題に取り組んでいく（図表５、図表６）。

図表5　味の素グループの栄養へのアプローチ

当社の「栄養コミットメント」

私たちは、2030年までに、生活者との接点を現在の7億人から増やすとともに、「妥協なき栄養」のアプローチにより以下の取り組みを進め、おいしさに加え栄養の観点で顧客価値を高めた製品・情報を提供することで、10億人の健康寿命の延伸に貢献します。

(1) 生活者との豊富な接点を活かし、うま味によるおいしい減塩の実践を支援
- 7億人の生活者との接点を活かして、うま味による減塩の認知を高め、より多くの人びとがおいしさを損なうことなく減塩を実践できるように支援します。

(2) 健康に役立つ製品の提供により、生活者の健康増進に貢献
- 味の素グループ栄養プロファイリングシステム(ANPS)を製品開発に活用します。そして、おいしさを大切にしつつ、栄養価値を高めた製品の割合を2030年度までに60%に増やします。
- 栄養価値を高めた製品のうち、「おいしい減塩」「たんぱく質摂取」に役立つ製品を、2030年度までに年間4億人に提供します。
- アミノ酸の生理機能・栄養機能を活用し、2030年度までに、健康に貢献する製品の利用機会を2020年度と比べて2倍に増やします。

(3) 健康や栄養改善に役立つ情報の提供により、生活者の意識・行動変容を支援
- 健康と栄養改善に役立つ情報や実践しやすく食習慣の改善につながるメニュー・レシピを提供し、おいしく栄養バランスの良い食事の実践と健康的な生活を支援します。

(4) 従業員の栄養リテラシー向上
- 職場での健康的な食事の提供、栄養教育、健康診断、産育休制度を推進し、全従業員の健康維持・増進を図ります。
- 2025年度までに、従業員向けの栄養教育をのべ10万人に対し実施します。

図表6　栄養コミットメント

(2)「おいしい減塩」の取り組み「Smart Salt（スマ塩）」

塩を摂りすぎていて減らしたいという意識はあるものの、「味が物足りない」「おいしくない」「手間がかかる」などの理由で進まない減塩。そんな多くの人の悩みを解消するために「うま味やだしをきかせた"おいしい減塩"」を提案するのが「Smart Salt（スマ塩）」である。

独自技術を活かした減塩調味料商品や、うま味を効かせておいしく減塩できるレシピの紹介、店頭や動画、ウェブサイト「AJINOMOTO PARK」等での幅広い年代層へのコミュニケーションを通じて、手間なくおいしく減塩でき、生活者の健康に貢献する取り組みを続けている。

また、この「Smart Salt」は、日本からアセアンやアフリカ等海外にも広げており、味の素グループならではの活動としてグローバルに展開していく計画である（図表7）。

| 日本 | インドネシア | フィリピン | ナイジェリア | マレーシア |

図表7　各国の Smart Salt（スマ塩）ロゴ

水色と黄緑のカラーで統一している。

4　環境負荷 50% 削減に向けた取り組み

味の素グループは、2030年環境負荷50%削減のアウトカム実現とともに、2050年カーボンニュートラルの達成に向けて取り組みを進めている。2019年5月に気候関連財務情報開示タスクフォース（TCFD）低減に賛同すると同時に、TCFD コンソーシアムへの参加も表明した。また、2020年8月に電力の再生可能エネルギー 100%化を目指す企業で構成される国際的な環境イニシアティブ「RE100」への参画を表明し、グローバルレベルで官民連携しながら、目標達成に向けた取り組みを進めている。

(1)GHG 削減の取り組み

スコープ1・2の GHG 排出量では、主に工場から排出されるエネルギーを中心に取り組みを進めている。国内では九州事業所でのグリーン電力購

入やバイオマス活用、CO_2 排出係数が低い電力会社との契約などがあり、海外ではブラジルにおける再エネ電力発電所との直接契約やタイにおける再エネ証書調達等を進めている。今後もいっそうの排出量削減に向け、さらなる投資を検討していく。

また、当社川崎事業所の立地自治体である川崎市が、世界経済フォーラムの主導する「産業クラスターのネットゼロ移行イニシアティブ」に、「川崎カーボンニュートラルコンビナート」として日本で初めて参画することとなり、川崎事業所はこの参画に賛同し、協力することを決定した。このように、行政や他の賛同企業とともに、イニシアティブを積極的に活用し、国際的な情報発信および他の産業クラスターとの連携も推進している。

(2) プラスチック廃棄物削減の取り組み

味の素グループでは、2030 年までにプラスチック廃棄物をゼロにすることをめざし、さまざまな取り組みをすすめている。2022 年には、「味の素®」「ハイミー®」の袋品種を紙パッケージ化し、23 年には「ほんだし®」の一部品種の袋包材の紙化も実現した（図表8）。

パッケージの紙化はインドネシアの「味の素®」にも広がり、グローバルでプラスチック廃棄物削減の取り組みをすすめていく（図表9）。

図表8　商品の紙パッケージ化

図表9
紙化したインドネシア
「味の素®」

また、サプライヤーとの連携や、CLOMA 等の団体に参画し、業界の垣根を超え、官民連携して 3R（Reduce 減らす、Reuse 再利用する、Recycle リサイクルする）とそれに付随するリサイクルシステム、そして Replace（代替素材への転換）にも目を向け、あらゆるアプローチでプラスチック廃棄物削減に取り組んでいく。

(3) フードロス削減の取り組み

味の素グループでは、直接の事業活動（工場での原料受け入れから卸店や小売店などへ商品を納品するまで）だけでなく、フード・サプライチェーン全体でのフードロス削減をめざしている。具体的には、直接の事業活動で発生するフードロスを2025年度に半減（対18年度）、また味の素グループが関わるフード・サプライチェーン全体で発生するフードロスを2050年度に半減（対18年度）することを目標として掲げている。

事業活動でも、グローバルなフードロス削減の取り組みとして「TOO GOOD TO WASTE 〜捨てたもんじゃない！〜」をスローガンに掲げて推進している。川上（原料調達）から川中（製造、出荷）、川下（お取引先からお客様の生活）までトータルで取り組むこと、マイナスをゼロにするだけではなく付加価値（プラス）を追求することをめざしている（図表10）。

図表10　フード・サプライチェーン

日本のフードロスの約半分は家庭から出ていることより、「AJINOMOTO PARK」内で余らせてしまいがちな食材や、食べ残してしまった料理、捨ててしまいがちな食材もまるごと無駄なく使い切る、「捨てたもんじゃない！」レシピを紹介するとともに、店頭等でも展開して生活者と一緒にフードロス削減に取り組んでいる（図表11）。

図表11　「TOO GOOD TO WASTE 〜捨てたもんじゃない！〜」

野菜・肉・魚の捨ててしまいがちなところにこそ価値があるという驚きをエクスクラメーションマーク（！）で表現。

⑤ アミノサイエンス®にできること

　味の素グループは創業以来、アミノ酸の研究を続け、世界をリードしている。その成果や知見、ノウハウを食品、医薬、香粧品、電子材料などさまざまな事業に活かすとともに（図表12）、サステナビリティの取り組みにも生かされている。たとえば、「味の素®」を生産する工程から出る副生物を資源化して肥料として原料のサトウキビ畑に還元するバイオサイクルなど、アミノサイエンス®を活用した、味の素グループらしい持続可能なフードシステムへの貢献を展開している（図表13）。

　アミノ酸にはまだまだ未知の可能性が広がっている。これからもアミノサイエンス®で、人・社会・地球の Well-being に貢献していきたい。

図表12　アミノサイエンス®とは

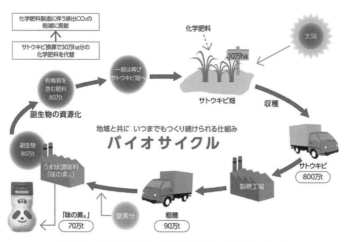

図表13　味の素グループが取り組むバイオサイクル

事業を通して、
環境・社会課題の解決を目指す

イオン株式会社

今日、国内の小売業を取り巻く環境は、かつてないほどのスピードで変化している。気候変動や資源の枯渇、生物多様性の損失といった環境課題、少子高齢化による労働力人口の減少、地域コミュニティの衰退など、社会課題の網羅すべき範囲は広がりを見せている。

私たちは、「お客さまを原点に平和を追求し、人間を尊重し、地域社会に貢献する」という基本理念のもと、絶えず革新し続ける企業集団として、社会の変化を先読みし即応する企業風土づくりを通じて「お客さま第一」を実践している。

企業が果たすべき責任の重要性の高まりに応えるために、「持続可能な社会の実現」と「グループの成長」

図表1　イオンがめざすサステナビリティ

の両立をめざし、未来につながる「より良いくらし」を提案し続けていくことがイオンの存在意義でありサステナビリティのめざす姿と定義している（図表1）。

1　サステナビリティ推進体制

　サステナビリティ推進の取り組みにあたっては、「イオン サステナビリティ基本方針」のもと、中長期かつグローバル水準の目標を定め、「環境」「社会」の両側面で、それぞれの地域に根ざした活動を、多くのステークホルダーとともに積極的に推進していく。

　サステナビリティについてのリスクや機会、課題対応に関する重要事項は、取締役兼代表執行役会長が議長、かつ全執行役がメンバーである経営会議「イオン・マネジメントコミッティ（MC）」に環境・社会貢献責任者より提案・報告し、MCで審議された結果を最高決定機関である取締役会の決議・承認を経た後、実行される体制を整備している。決議・承認された内容は、グループ各社に発信し、共有と周知徹底を図っている。

　当社のサステナビリティ推進の運営責任部署として、「イオン㈱環境・社会貢献部」を設置している。グループ会社との連携を通じてPDCAサイクルで取り組みを推進するとともに、ISO14001事務局としてグループ全体の環境マネジメントシステムの運用・確立にも取り組んでいる。

　私たちは、サステナブル経営の推進において環境・社会分野の多くの課題のうち、事業活動を通じて優先的に解決すべきマテリアリティを特定し、取り組みを継続的に強化している。なかでも当社にとっての重点分野として、6項目をあげている。具体的には、環境面では「脱炭素社会の実現」「生物多様性の保全」「資源循環の促進」、社会面では「社会の期待に応える商品・店舗づくり」「人権を尊重した公正な事業活動の実践」「コミュニティとの協働」を重点課題とした。本稿では、環境面の重点課題への取り組みについて述べる。

当社グループは、2018年に策定した「イオン 脱炭素ビジョン」に基づき、「店舗」「商品・物流」「お客さまとともに」の3つの視点で、省エネ・創エネの両面から店舗で排出するCO_2等を総量でゼロにする取り組みを、グループをあげて進めている。イオン藤井寺

図表2　再生可能エネルギーの利用推進
一般家庭約30世帯分の年間使用電力量に相当する電力を発電（イオン藤井寺SC）。

SCでは、使用電力100%を再生可能エネルギーでまかなっている（図表2）。今後も積極的に店舗の省エネ化100%の開発を進めていく。

「お客さまとともに」の視点では、脱炭素型住宅の新築・住宅リフォームや電気自動車（EV）の購入など、脱炭素型ライフスタイルへの転換を検討されているお客さまをサポートする商品や金融サービスを展開している。これによりお客さまは、買い物を通じて車や住宅など生活全般の脱炭素化に関わっていく。

図表3　素材の置き換えによる削減
店頭に設置するループ返却ボックス。

2022年度から関西のモールでEVの電力とポイントの交換サービスを開始している。家庭での余剰電力を、EVを通して提供いただくことは来店動機につながり、新しいビジネスモデルの一部になる。イオンがあることで地域全体が脱炭素化しやすくなると評価されるようにしたい。

また、2021年5月には、イオンリテールの関東19店舗にてリユース容器の拡大を目指すプラットフォーム「Loop（ループ）」の取り扱いを開始した（図表3）。Loopは消費財メーカーと小売チェーンが

協業する国際的な取り組みで、19年5月に米国とフランスでスタートした。プラスチックが中心の商品パッケージをステンレスやガラスに変えることで耐久性を高め、使用後は販売店で回収、検品・洗浄プロセスを経て再利用する。22年7月には西日本初となる京都府8店舗の導入となった。

③ 生物多様性の保全

　私たちの生活は、多くの自然の恵みに支えられている。その源である「生物多様性」は、世界中で失われつつあるといわれている。生物多様性を損なえば、食料問題や水問題など、私たちの生活に大きな影響を与える。

　当社グループはこの認識のもと、持続可能な社会のために必要な生物多様性の保全をめざし、「生物多様性方針」を策定した。

　商品に関しては、持続可能性に配慮し資源管理された生鮮品やそれらの加工品についての目標を設定し、取引先と共有しながら、仕入れ・販売活動を行い、消費者に情報を発信している。

(1)持続可能性に配慮した生物資源の認証

　世界の漁業の生産量のうちの約90%は獲りすぎ、またはそれに近い状態といわれている。当社では、2006年から資源や環境に配慮し適切に管理された漁業で獲られた海のエコラベル「MSC認証」の商品を販売している。06年にMSC認証商品の取り扱いを開始したのち順次拡大し、22年6月時点で国内最大級の品揃えの29魚種、52品目を販売。天然の魚を将来世代まで残していくため、海の環境や資源に配慮した漁業を応援している。

　さらに、2014年3月から、責任ある養殖により生産された水産物の「ASC認証」の商品の販売をアジアで初めて開始した。

　また、プライベートブランドであるトップバリュでは、世界で広く普及している「FSC® 認証」を受けた紙資源をもとにした商品を開発している。

(2) トップバリュ グリーンアイ

「グリーンアイ」は、「安全・安心」と「自然環境への配慮」にこだわった商品を取り扱うために立ち上げたプライベートブランド。1993年、有機栽培などの農薬や、化学肥料をできるだけ使わない方法で栽培した農産物を中心とした商品からスタートした。2014年には、幅広くオーガニック商品を提供するために、「トップバリュ グリーンアイオーガニック」シリーズを開発。日本食文化を次世代へと引き継ぐために、さまざまな取り組みに挑戦し続けている。

(3) フードアルチザン（食の匠）

鹿児島県の桜島大根や、茨城県の常陸大黒など、日本には類いまれな食文化を支える食材や伝統技術がある。私たちは、「フードアルチザン」活動を通して、こういった伝統そのものを、地域の方々と対等なパートナーシップで知恵を出し合いながら協力して地域の食文化を全国へ発信している。

4 資源循環の促進

当社グループは、事業活動において排出する廃棄物に加えて、レジ袋や包装容器など、消費者が利用した際に発生する廃棄物にも関わっていることから、「資源循環の促進」を重要課題として認識し、さまざまな取り組みを行っている。

(1) 食品廃棄物削減

食品廃棄物の削減は小売業にとって重要な課題である。当社では、世界の小売企業と「10 × 20 × 30 食品廃棄物削減 イニシアティブ」に参画し、日本プロジェクトを国内の食品メーカー等21社とともに実施している。「10 × 20 × 30」とは、世界の大手小売業等10社がそれぞれ20社のサプライヤーとともに、2030年までに主要サプライヤーの食品廃棄物の半減に取り組むことを象徴的に表したものである。

イオンアグリ創造では、2014 年から三木里脇農場（兵庫県三木市）で、食品リサイクルループに取り組んできた。これは、周辺のグループ店舗で発生する食品残渣ざんさを農場に隣接する施設に集め、発酵菌の活動により堆肥に変えていくしくみである（図表 4）。

図表 4　食品残渣のリサイクル
三木里脇農場に隣接する食品残渣の堆肥リサイクル施設。

今後はモールの食品テナントで発生する残渣も対象に加えていく。

　また、グループ全体での店舗・商品の取り組みとしては、惣菜の油など廃食油や魚のアラを回収し、飼料・油脂等にリサイクル。イオンモールでは、ごみを原則 17 種類に分別し、種類ごとに計量器で測定。ごみの量を把握し、見える化に取り組んでいる。

(2) プラスチック利用方針

　当社グループは資源循環型社会の実現に向け、使い捨てプラスチックの使用量を 2030 年までに半減する目標を掲げている。PB 商品「トップバリュ」で展開するすべての商品で環境・社会に配慮した素材を使用するとともに、飲料で使用する PET ボトルは、100％再生か植物由来の素材へと転換を進めている。

　この取組みの柱として、2021 年 2 月から、イオン店舗の資源回収ボックスに、顧客が投函した使用済み PET ボトルを再製品化する「ボトル to ボトル プロジェクト」を開始。全国の「イオン」「イオンスタイル」「マックスバリュ」など約 1,600 店舗で、有機 JAS 認証取得の原材料を使用した「トップバリュ グリーンアイ」オーガニック茶飲料 4 品目を 2022 年 3 月に発売した（図表 5）。ラベル部分にはバイオマス原料を 10％、バイオマス由来の成分を含むインキを使用している。広島、山口エリアよりスタートしたこの取り組みは、22 年 8 月時点で計 116 店舗に拡大。年間の回収見込

み約1,000 t となり、グループの店舗で回収しているペットボトルの約8％に当たる量となっている。

図表5　リサイクル樹脂100％を使用したトップバリュ茶飲料

ボトル to ボトルで商品化した PB 茶飲料シリーズ。

同商品を通じて「毎日買える手ごろな価格のオーガニック商品がほしい」「環境に配慮された商品を選びたい」という顧客の声を具現化した。この商品で使用する PET ボトルの原材料は、年間で約350 t の化石由来のバージンプラスチックの削減につながる。

5 おわりに

　私たちは、お客さまやビジョンに共感する仲間とともに、笑顔が広がる未来のくらしを創造するグループでありたい。

　自らの革新と共創のリードにより、一人ひとりも社会も豊かにし、成長するグループでありたい。

　商品・サービスを進化させ、さらに『つながり』をキーワードとする役割を果たすことで、いままでにない価値を提供していく。

食を通じて社会課題の解決に取り組み、持続的に成長できる強い企業へ

カゴメ株式会社　経営企画室 広報グループ　北川 和正

　カゴメ株式会社（以下、カゴメ）は 1899 年の創業以来、自然の恵みを活かした事業を通じて、健康的で豊かな食生活に貢献したいと願い活動してきた。

　その 120 年以上にわたる事業活動において、野菜・果物のおいしさや栄養を活かした食品・飲料の開発と普及に力を注ぎ、加工用トマトをはじめとした生産者との持続可能な農業の推進、また食育支援など、さまざまな形で地域社会の発展を支えることにより、一貫して社会とともに成長することを目指している。

1　カゴメのサステナビリティ

　カゴメは自然の恵みを活かした事業を通じて、人々の健康的で豊かな食生活に貢献することを使命としてきた。この歴史のなかでは、加工用トマトをはじめとした生産者との持続可能な農業の推進や、自然の恵みのおいしさや栄養を活かした食品・飲料の開発・普及、また食育支援などさまざまな形で地域社会の健全な発展を支えることにより、カゴメも成長を続けることができた。現在は、2025 年のありたい姿「食を通じて社会課題の解決に取り組み、持続的に成長できる強い企業」の実現にむけて、社会課題

である「健康寿命の延伸」「農業振興・地方創生」「持続可能な地球環境」に取り組んでいる。

カゴメのサステナビリティへの取り組みは、2025年のありたい姿を目指す事業活動そのものだと考えている。この考え方について、企業理念や他の方針との関係性を加味しつつ、よりお客様や社員の共感を高める表現を検討し、2023年1月に「サステナビリティ基本方針」を制定した（図表1）。

> **サステナビリティ基本方針**
>
> カゴメグループは創業以来、
> 「畑は第一の工場」というものづくりの思想のもと、
> 自然の恵みを活かした新しい食やサービスを提案してまいりました。
>
> この営みを未来につなぐために、
> 企業理念である『感謝・自然・開かれた企業』の実践と、
> ステークホルダーの皆さまとの協働により社会課題の解決に取り組み、
> 持続的なグループの成長と持続可能な社会の実現を図ります。

図表1　カゴメのサステナビリティ基本方針

2　サステナビリティの推進体制

サステナビリティの推進に向けて、2022年10月に経営会議体の下にサステナビリティ委員会を設立した。同委員会において、長期を見据えた機会やリスク等の議論を行い、経営会議や取締役会への報告を通じて、経営戦略に反映する。現在、同委員会においては、「持続可能な農業」「サーキュラーエコノミー」「環境負荷の低減」「サプライチェーンCSR」の4つの課題について具体的施策を検討している（図表2）。

図表2　サステナビリティ推進体制

3 カゴメのマテリアリティ

　カゴメではマテリアリティを、「持続的な成長」と「中長期的な企業価値向上」を実現するための重要な課題と位置づけている。マテリアリティは中期経営計画における中期重点課題やサステナビリティ課題を包括し、長い時間軸で取り組んでいく。7つのマテリアリティのうち、「健康寿命の延伸」「農業振興・地方創生」「持続可能な地球環境」の3つは事業を通して解決を目指す社会課題、残りの4つは価値創造活動を強化していく上での課題となっている。（図表3）これらのマテリアリティを推進していくことで、持続可能な社会の実現と、持続的に成長できる強い企業の両方をめざしていく。

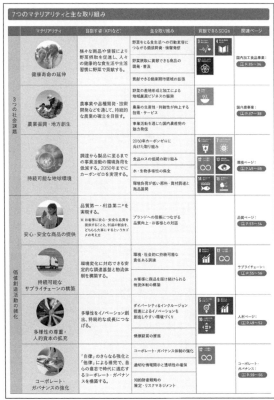

（カゴメ統合報告書 2023 P44）

図表3　7つのマテリアリティと主な取り組み

　7つのマテリアリティのうち「健康寿命の延伸」「農業振興・地方創生」「持続可能な地球環境」について、具体的な取り組みを紹介する。

(1)健康寿命の延伸

　カゴメは野菜の力で健康寿命の延伸に貢献したいと考えている。長期ビジョン「トマトの会社から、野菜の会社に」を掲げ、野菜のおいしさや栄養価値を活かしたさまざまな商品の開発や情報発信により、野菜摂取への意識変容と行動変容を促進する活動を続けている（図表4）。

図表4 「おいしい！野菜チャレンジ」

放課後NPOアフタースクールと連携して実施している「おいしい！野菜チャレンジ」の様子。子どもたちに野菜の魅力を伝える活動であり、カゴメ社員の他、山口社長も「野菜先生」として登壇。

①野菜をとろうキャンペーン

　1日当たりの野菜摂取量は350 g[※1]が目標だが、現状は平均約290 g[※2]であり、あと60 g足りていない。そこで2020年1月より『野菜をとろう あと60 g』をスローガンにした野菜摂取推進活動「野菜をとろうキャンペーン」を開始した（図表5）。この活動では、19の賛同企業・団体とも協働して、前向きで楽しい野菜摂取方法を提案している。

図表5 「野菜をとろうキャンペーン」

山口社長の会見の様子。

※1 「厚生労働省 健康日本21」が推奨する1日の野菜摂取目標量。
※2 厚生労働省「国民健康・栄養調査」（平成22年〜令和元年）

② 健康事業部の活動

2018年10月に新設した健康事業部では、企業や自治体向けに健康増進をサポートするサービスを開発・販売している。カゴメに所属する管理栄養士資格保持者の専門チーム「野菜と生活 管理栄養士ラボ」は、野菜摂取の重要性を伝えるセミナー等を行い、食生活の改善や野菜摂取をサポートしている（図表6）。

この他、野菜摂取量推定機「ベジチェック®」の普及事業にも力を入れている。この機器を使えば、小型センサーに手のひらを約30秒載せるだけで自身の野菜摂取量（推定）がわかる。野菜不足を自覚することにより、野菜摂取への意識変容につなげたいと考えている。

図表6「野菜と生活 管理栄養士ラボ」
「食と健康」に関するコンテンツを開発・提案する専門チーム。

(2) 農業振興・地方創生

高齢化や労働人口の減少が急激に進む地域では、農業生産基盤の脆弱化が問題となっている。カゴメは日本の農業の発展が地域の活性化につながると考え、農事業や品種開発・技術開発などを通して持続的な農業の確立に貢献したいと考えている。

① 地域農業ビジネスの振興

創業以来、よい原料はよい畑から生まれるという「畑は第一の工場」という考えを大切にしてきた。とくに、国内の加工用トマトについては、安心・安全を確保し安定的に調達するために、生産者との「契約栽培」に取り組んでいる。作付け前に生産者と全量を買い入れる契約を結ぶもので、生産者との二人三脚により共存共栄を図る。フィールドパーソンと呼ばれる担当者が契約農家の畑を巡回し、きめ細かな栽培指導と、トマトの生育状態に合わせた的確なアドバイスに努めている。

② 農業の生産性の向上

加工用トマトの需要は新興国を中心とした人口増加や経済成長にともない今後も拡大が見込まれるが、持続可能なトマト栽培には、生産者減少への対応や環境負荷低減などさまざまな課題に取り

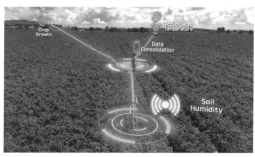

図表7　AIを活用した営農アドバイスの技術開発

組む必要がある。これらの課題を解決することを目的に2022年9月、日本電気㈱（NEC）と共同で、AI（人工知能）を活用して加工用トマトの営農支援を行う合弁会社「DXAS Agricultural Technology（以下、DXAS）」をポルトガルに設立した。DXASの事業であるAIを活用した営農支援は、熟練栽培者のノウハウを習得したAIが水や肥料の最適な量と投入時期を指示するものである（図表7）。

農家にとっては栽培技術の巧拙に左右されず、収穫量の安定化と栽培コストの低減を図ることができるとともに、環境に優しい農業を実践できる。トマト一次加工品メーカーにとっては、DXASが提供する土壌センサーや衛星写真等を活用した圃場を可視化するサービスを活用することで、自社農地や契約農家の農地におけるトマトの生育状況を網羅的に把握でき、客観的なデータに基づいた最適な収穫調整により生産性の向上を図ることができる。

③ 地域の魅力発信

2019年4月、「カゴメトマトジュース」や「野菜生活100」等の生産工場がある長野県富士見町に、野菜のテーマパークをコンセプトとした、「カゴメ野菜生活ファーム富士見」を開業した（図表8）。ここでは八ヶ岳の雄大な自然を背景

図表8　野菜生活ファーム富士見

に、野菜の収穫体験ができたり、野菜ジュースの製造工程を見学できたりするなど、野菜が大好きになる体験を提案している。また夏には、地域の小学生とともに、ひまわりの迷路をつくり、県内・県外の多くの観光客に楽しんでいただいている。

(3) 持続可能な地球環境

自然の恵みのおいしさや栄養を活かした商品を提供するカゴメにとって、健全な地球環境は重要な経営基盤といえる。高品質な商品の前提となる豊かな自然を守り、そして未来につないでいくために、調達から製品にいたるまでの事業活動において、「地球温暖化防止」「水の保全」「生物多様性への配慮」「資源の有効活用」等に取り組んでいる。

① 地球温暖化防止

カゴメは2050年までにグループの温室効果ガス排出量を実質ゼロにすることを目指して、2030年に向けた温室効果ガス排出量の削減目標を策定し、SBT（Science Based Targets）イニシアチブ[※3]の認証を取得した。

この目標の達成に向けて、グループを挙げて排出量の削減に努めている。主な取り組みとしては、省エネ施策や再生可能エネルギーの利用などであり、国内工場の一部では、使用電力のすべてを再生可能エネルギー由来の電力で賄っている。

富士見工場では2023年1月より、工場で発生する野菜の残渣とカゴメの生鮮トマト菜園で発生する出荷できないトマト等を、再生可能エネルギーとして利用している。化石燃料の使用量低減により、CO_2排出量の削

図表9　バイオマスプラントのフロー図

減を実現している（図表9）。

※3 SBT（Science Based Targets）。企業の温室効果ガス排出削減目標がパリ協定の定める水準と整合していることを認定する国際的イニシアチブ。

② 水の保全

　農作物の栽培には水は必要不可欠であり、またカゴメは加工段階で多くの水を利用している。活動する地域の水資源を守るため、2018年に定めた「カゴメグループ 水の方針」に則り、それぞれの地域に合ったサステナブルな対応を進めている。

　国内工場では2022〜25年の期間、生産量当たりの取水量を毎年1％削減することを目標に活動している。

　カゴメオーストラリア社では、干ばつリスクに備え、工場で使用した水をダムに貯水して近隣農家に提供し、水の再利用に努めている。

　また、先述したNECとの合弁会社DXASでは、NECの農業ICTプラットフォーム「CropScope」に少量多頻度灌漑[4]に対応したAI営農アドバイスと自動灌漑制御機能[5]を加えたサービスを23年4月から展開している。実証実験では、約15％少ない灌漑量で収穫量が約20％増え、通常よりも少ない水の量で収穫量を増やすことに成功した[6]。今後は、水リスクが高い米国、オーストラリアなどの加工用トマト市場に普及させていく。

※4 作物が必要とする量の水や肥料を多数回に分けて少しずつ与え、最適な土壌水分量を保つ栽培手法。
※5 灌漑設備と連携し、水や肥料をリモート・自動で制御する機能。
※6 NECの農業ICTプラットフォーム「CropScope」を活用していない圃場との比較。

③ 生物多様性の保全

　創業以来、農業によってもたらされる自然の恵みを活かした事業活動を行っている。この事業活動を将来にわたって行っていくために、「カゴメグループ 生物多様性方針」において、事業におけるさまざまな場面で生物多様性の保全に努めていくこと示している。

　カゴメ野菜生活ファーム富士見では、「生きものと共生する農場」を設置して、生物多様性に配慮した圃場づくりを行っている（図表10）。

図表 10　カゴメのめざす「生きものと共生する農場」

④ 資源の有効活用

　環境に配慮したプラスチックの利用を推進するために、2020 年に「カゴメプラスチック方針」を制定した。

　具体的な目標として、2030 年までに、「石油由来素材のストローの使用をゼロとし、資源循環可能な素材（植物由来素材や紙素材）へ置き換えを進めること」、また「飲料ペットボトルにおいて、樹脂使用量全体の50％以上をリサイクル素材又は植物由来素材とすること」を掲げている（図表11）。

図表 11　100％リサイクル素材を使用し、使いやすさを向上させた新ボトル

5　おわりに

　カゴメの企業理念は「感謝」「自然」「開かれた企業」。 私たちの原点である自然に根差し、地域社会・お客様・お得意先様・栽培農家の皆様・株主様・社員など、世界に広がるあらゆるステークホルダーの皆様と手を携え、価値ある商品やサービスをお届けできるよう、たゆまぬ努力を続けていく。

第2章　食品産業界の実践

キッコーマングループの社会課題への取り組みについて

キッコーマン株式会社　経営企画部

1　キッコーマングループについて

　キッコーマンしょうゆの歴史は、江戸時代初期にまでさかのぼる。キッコーマングループ創業の地である千葉県野田市は、良質な大豆と小麦、江戸湾の塩など原材料の確保に適した立地であり、また、潤沢な水や江戸川の水運にも恵まれていた。しょうゆなどの醸造に適した土地である野田や流山で事業を行っていた醸造家8家が1917年に合同し、キッコーマン㈱の前身となる「野田醤油株式会社」が設立された。

　キッコーマングループは1960年代頃から事業領域を拡大し、多角化に取り組んできた。60年代にトマトケチャップ、トマト飲料・野菜飲料などの「デルモンテ」、ワインの「マンズワイン」、90年代にしょうゆ関連調味料であるつゆ・たれ、2000年代に豆乳の「キッコーマン豆乳」などの事業を行うことで、食を通じた幅広い提案が可能になった。また、キッコーマングループでは野田市の地域医療を支える「キッコーマン総合病院」を経営しており、そのほか衛生検査薬や化成品などを取り扱うバイオ事業を手掛けている。

　1950年代にキッコーマングループは本格的な海外進出を始めた。57年にサンフランシスコにしょうゆの販売会社を設立し、73年にはウィスコ

ンシン州のしょうゆ工場からしょうゆの出荷を開始した。現在では、米国のしょうゆ市場におけるキッコーマンしょうゆの家庭用シェアは60％（2021年度）を超えている。キッコーマングループの海外事業は順調に成長し、22年度にはキッコーマングループの売上収益における海外の構成比が76％となった。

キッコーマングループは、会社設立当初から一貫して社会とのつながりを大切にしてきた。前述の野田醤油㈱の設立当時に発表された「合併の訓示」において、「合併により、事業が拡張することは社会との関係が深まり社会に及ぼす影響も広範になったということであり、その重責を覚悟しなければならない」という姿勢が記されている（図表1）。このように、キッコーマングループでは会社設立当初から企業が「社会の公器」であることを強く意識してきた。

図表1　合併の訓示

このような企業の社会的責任に対する考え方は、現在のキッコーマングループの経営理念のなかに受け継がれている（図表2）。

図表2　キッコーマングループ経営理念

> **私たちキッコーマングループは、**
> 1．「消費者本位」を基本理念とする
> 2．食文化の国際交流をすすめる
> 3．地球社会にとって存在意義のある企業をめざす

キッコーマングループ経営理念は、会社設立以来の歴史をふまえて社会やステークホルダーとのつながりを強く意識したものとなっている。経営理念を経営に反映させるべく、キッコーマングループでは「企業の社会的

責任推進委員会」を中心とした活動を行っている。多くの企業では、企業の社会的責任に関する活動が「サステナビリティ推進室」などの専門部署で行われているが、キッコーマングループでは企業の社会的責任は事業活動全体を通じて推進する、という方針のもと、専門部署に任せるのではなく、「企業の社会的責任推進委員会」が方針を策定し、グループ会社および各部門で施策を展開する体制としている。

2 社会課題の特定

　キッコーマングループは、2030年を目標としてキッコーマングループの「目指す姿」と「基本戦略」を定めた長期ビジョン「グローバルビジョン2030（GV2030）」を2018年4月に公表した。

　GV2030ではめざす姿として、以下3つを掲げている。

・キッコーマンしょうゆをグローバル・スタンダードの調味料にする
・世界中で新しいおいしさを創造し、より豊かで健康的な食生活に貢献する
・キッコーマンらしい活動を通じて、地球社会における存在意義をさらに高めていく

　3つめの「キッコーマンらしい活動を通じて、地球社会における存在意義をさらに高めていく」ことは、地球社会が抱える課題の解決に寄与することにより、世界中の人々からキッコーマンがあって良かったと思われる企業になることである。持続可能な開発目標（SDGs）に代表されるように、地球社会には多くの社会課題がある。そうした社会課題の解決貢献に取り組むにあたって、キッコーマングループでは、グループが優先的に取り組むべき重要な課題について検討を行った。検討にあたっては、「社会にとっての重要な社会課題」と「キッコーマンにとっての重要な社会課題」の2つの視点で分析を行い、討議を重ねた。この結果、「地球環境」「食と健康」「人と社会」をキッコーマングループが優先的に取り組む重要な社会課題とした（図表3）。

　2022年11月には、24年度を最終年度とした中期経営計画を公表した。

図表3　社会課題への取り組みの全体像

中期経営計画では「環境変化に対応し、成長の継続と収益力向上」「事業活動を通じ、社会課題解決に貢献」の2つの重点課題を定めた。そして、社会課題解決の貢献を推進するために重要な社会課題3分野における「基本的な考え方」「テーマ」および目標を策定した（図表4）。社会課題の解決に取り組み、その成果を事業の成長につなげることで、社会の持続可能な発展に貢献することをめざしていく。

図表4　社会課題重点3分野の取り組み概要

重要な社会課題3分野	基本的な考え方	テーマ
地球環境	自然のいとなみを尊重し、環境と調和のとれた企業活動を行います。	■気候変動 ■食の環境 ■資源の活用
食と健康	「キッコーマンの約束」に込めた想いを実践します。	■おいしさと健康 ■多様な食ニーズ ■コミュニケーション
人と社会	人を大切にする企業文化を育み、社会の持続可能な発展に貢献します。	■人権の尊重 ■ステークホルダーとの協働 ■経営体制の強化

3　キッコーマングループの取り組み

(1) 地球環境

　キッコーマングループの商品は、大豆、小麦、トマトなどの農産物を主な原材料としている。豊かな自然環境は私たちがおいしさをお届けするた

めの基盤であり、自然環境を守ることをキッコーマングループ環境保全活動の基本姿勢としている。こうした基本姿勢のもと、長期的な方針を定めることで取り組みをより強化するため、2030年に向けた環境ビジョン「キッコーマングループ長期環境ビジョン（長期環境ビジョン）」を策定した。長期環境ビジョンでは、「気候変動」「食の環境」「資源の活用」の3つのテーマを掲げ、具体的な取り組みを推進している。

　「気候変動」ではCO_2排出量の削減をめざした取り組みを行っている。具体的には、再生可能エネルギーの導入を国内外の拠点で進めることや、エネルギー効率の良い新設備の導入を進めている。今後も、技術革新やプロセス改善も組み合わせることで、CO_2の削減を推進していく。

　「食の環境」では、水環境の保全と持続可能な調達に取り組むことで食の環境維持に努めている。工場で使用する水を効率的に活用することで使用量を減らし、さらに、使用した水は拠点内で処理することできれいにして自然に還している。また、環境への負荷を減らし、持続可能な社会を実現するために取引先（サプライヤー）と連携した取り組みを進めている。

　「資源の活用」では、貴重な資源を有効に活用していくために、食品ロスの削減や環境配慮型商品の展開に取り組む。具体的な取り組みの1つとして、おからの利用がある。豆乳製品の製造・販売を行うキッコーマンソイフーズでは、大豆を煮た後に破砕し、搾って豆乳を製造する。この際に残る副産物が「おから」である。このおからを乾燥して粉末化させた家庭向けの「キッコーマン　豆乳おからパウダー」を2018年度に発売した。この商品は食物繊維や植物性タンパク質など、大豆の栄養を豊富に含んでおり、また、豆乳おからならではのきめが細かくクリーミーな口当たりが特徴となっている。このほかにも、しょうゆなどの副産物を有効活用する活動を通じて、フードロスや廃棄物の削減に取り組んでいる。

(2) 食と健康

　食と健康は私たちの事業活動の中心であり、私たちには食に携わる企業としての重要な責任があると考えている。中期経営計画における「食と健康」の目標を定めるにあたり、「こころをこめたおいしさで、地球を食の

よろこびで満たします。」という「キッコーマンの約束」に込めた想いを実践するという方針を示した。これは、キッコーマングループの社員一人ひとりが事業に取り組んでいく姿勢や、事業を通して消費者に提供する価値を明文化したものである。「キッコーマンの約束」を果たすことで、健康で豊かな食生活の実現に取り組んでいる。

中期経営計画における「食と健康」の領域では、「おいしさと健康」「多様な食ニーズ」「コミュニケーション」の３つをテーマとして定めた。「おいしさと健康」では、おいしさと健康を両立した商品やサービスを提供することで、バランスの取れた食生活を通じたこころとからだの健康への貢献をめざして取り組む。

取り組みの１つとして、適切な塩分摂取がある。塩分は食事をよりおいしくするだけでなく、人の身体において欠かせない栄養素の１つである。その一方で、塩分の摂取過多は生活習慣病の原因となりえる。このため、適切な量の塩分を摂取することで、おいしさと健康を両立することが大切である。適切な塩分摂取の取り組みを進める手段の１つとして、キッコーマン食品では減塩タイプのしょうゆを提案している。また、レシピサイトの「キッコーマンホームクッキング」では、塩分量の表記があるレシピも用意しており、塩分量管理の支援を行っている。これからも、消費者に向けた情報発信などを行い適切な塩分摂取に向けた取り組みを進めていく。

キッコーマングループは、国や地域、健康上の理由や価値観などといった事情によって生じる食のニーズに応えていくことが食品に携わる企業として重要な責任だと認識しており、「多様な食ニーズ」ではその認識に基づいた目標を定めた。取り組みの一環として、植物由来タンパク質を使った商品の展開・拡大を進めており、国内外豆乳事業の拡大や、植物性タンパク質使用商品の市場投入を進めている。2022年度にはキッコーマン食品は高タンパク、低糖質な新しい主食として「大豆麺」を発売した。この商品は大豆50％と小麦等を使用した麺と専用のスープやソースがセットになっており、手軽な調理で楽しめる。

「コミュニケーション」では、食によるコミュニケーションの促進を通じて、「おいしさ」を広げる活動を進めていく。キッコーマングループでは、

「おいしさ」とは料理の味に加えて、調理の楽しさや食事の際の会話といった幅広い要素も入ると考えている。キッコーマングループの取り組みの1つである食育活動の推進では、2005年より「キッコーマンしょうゆ塾」を行ってきた。講師に登録している社員が小学校に出向いてしょうゆについて学びながら「食べ物の大切さ」や「おいしく食べる事」を考える機会として、総合学習などに活用いただいている。

(3) 人と社会

キッコーマングループは、会社設立当初から社会とのつながりを大切にした経営に取り組んできた。私たちは人権を尊重し、事業を展開する地域社会との関係を重視するとともに、キッコーマングループに関わるステークホルダーの声を尊重した取り組みを進めていく。

中期経営計画のテーマとしては、「人権の尊重」「ステークホルダーとの協働」「経営体制の強化」を掲げている。「人権の尊重」においては、人権デューデリジェンスの実践とダイバーシティー＆インクルージョンに関する取り組みを強化していく。「ステークホルダーとの協働」においては、キッコーマングループの社員が充分に能力を発揮することができる環境づくりや、地域社会の発展への貢献などに取り組む。「経営体制の強化」においては、コーポレート・ガバナンス体制を強化し、国際的な環境変化に合わせたコンプライアンス研修を実施するほか、情報化の進展にともなうデータセキュリティの強化や災害発生に備えたBCP体制の強化を推進する。

4 まとめ

キッコーマングループは、経営理念にある「地球社会にとって存在意義のある企業をめざす」を実践することで、世界中の人々から「キッコーマンがあってよかった」と思われる企業でありたいと願っている。そのために、GV2030で定めた「地球環境」「食と健康」「人と社会」の重要な社会課題3分野に基づいて具体的な施策を展開し、社会の持続可能な発展に貢献していく。

キユーピーグループの
サステナビリティへの取り組み

～現在の取り組みや未来に向けて～

キユーピー株式会社

1　はじめに

　当社は1919年、食品の製造会社として現在の東京都中野区に創業し、ソース類、缶詰などの製造を始めた。創業者である中島董一郎は1910年代、当時の農商務省による海外実業練習生として英国と米国に約３年間滞在。そこで、オレンジママレードとマヨネーズに出会い、1925年「おいしく、栄養のあるマヨネーズを、生活必需品となるまで広く普及させて、日本人の体格と健康の向上に貢献したい」という想いで、卵黄タイプで栄養価の高い「キユーピー　マヨネーズ」を発売した。太平洋戦争時にはいったん製造休止を余儀なくされるものの、1948年に再開。その後、マヨネーズ以外の商品開発にも挑戦し、1958年には日本で初めてドレッシングを製造・販売した。

　さらに、卵の卵白活用を目的としたタマゴ領域、食の多様化を見据えたサラダや惣菜領域、および卵から有用成分を取り出し活用するために発足したファインケミカル領域など、さまざまな事業を拡大し、現在（2022年度）は売上げ約4,300億円、国内外に56社の子会社がある。

　また、「天気予報のように料理のヒントをお伝えし、毎日の献立作りに役立ちたい」という想いから始めた「キユーピー３分クッキング」は、1962年に開始以来、今も続く長寿番組の一つとなっている。

2　キユーピーグループのサステナビリティの取り組み

　創始者である中島董一郎の「食を通じて社会に貢献する」という精神を
受け継いでいくことが重要な使命であると考え取り組んでいる。

(1) キユーピーグループの社会貢献の歴史

　キユーピーグループの最初の社会貢献活動は1960年（財）ベルマーク
教育助成財団への協賛である。現在、それ以外にもさまざまな団体への協
賛を行っている。

　また、「工場は家庭の台所の延長」と考え、1961年から工場見学（私た
ちは「オープンキッチン」と呼んでいる）を実施。オープンキッチンを通
じて商品がどのように生産しているのかを見ていただき、安心をお届けす
る機会の一つにする。この思いで現在も続けている。

　2002年には小学生向けにマヨネーズ教室を実施し、食育活動も積極的に
行っている。

　環境課題への取り組みとしては、1963年より廃棄物削減を合理化の一環
として開始し、今まで省エネなどさまざまな取り組みを行ってきた。

(2) キユーピーグループの社会活動を支える組織

　環境問題への関心の高まりから1997年に環境対策室が新設され、初め
て環境対応にかかる専門部署ができた。そして、環境課題への対応に限ら
ず社会貢献を推進する組織として2005年に社会・環境推進室が発足。そ
の後、CSR部等の名称変更を経て、2020年にサステナビリティ推進部と
して現在にいたっている。現在、サステナビリティ推進部は生産本部との
兼任者を含め、キユーピーグループのサステナビリティ活動の推進および
社外向けにサステナビリティ活動の開示を行っていくこと等を主な業務と
している。

　また、環境問題について会社全体で議論する場として1991年に生産本
部長を委員長とする環境問題検討委員会を発足。その後、環境課題に限ら
ず社会貢献に向けた活動の進め方を議論する場として2017年にCSR委員

会を設置。そして、20年からサステナビリティ担当取締役を委員長とするサステナビリティ委員会として、CSR委員会の名称を変更し現在にいたっている。

サステナビリティ委員会は年4回開催し、サステナビリティ目標の達成に向けた方針・計画策定をはじめ、サステナビリティに関するさまざまな重要事項を決裁している。そして、後述する重点課題に対する取り組みを推進するために分科会やプロジェクトを発足し、グループ内への浸透と定着を図っている。また、リスクマネジメント委員会とも連携して環境変化に対応し、経営基盤の強化を進めている。

(3) 現在のサステナビリティ活動

① 中期経営計画

2021-24年度の中期経営計画では、消費者や市場の多様化に対応し、「持続的成長を実現する体質への転換」をテーマに「利益体質の強化と新たな食生活創造」「社会・地球環境への取り組みを強化」「多様な人材が活躍できる仕組みづくり」の3つの経営方針を定めた。サステナビリティの取り組みは「社会・地球環境への取り組みを強化」につながる重要なテーマとなっている。

② 重点課題の特定

キユーピーグループでは、めざす姿を実現するために2030年にどうありたいかをまとめた「キユーピーグループ2030ビジョン」の実現やSDGsへの貢献など2030年からバックキャストで検討し、以下のサステナビリティに向けた重点課題を特定した。

・食と健康への貢献
・資源の有効活用・循環
・気候変動への対応
・生物多様性の保全
・持続可能な調達
・人権の尊重

これらの重点課題は、持続可能な社会への貢献とグループの持続的な成

長をめざす上で、事業と社会の双方にとって重要であると考えている。社会・地球環境変化に応じて、定期的に重点課題の見直しを行っている。

③ サステナビリティ基本方針

　2022年1月にキユーピーグループのサステナビリティ活動に対する考えをまとめ社内の意思統一を図ること、および重点課題に対する方針を明確にすることを目的に「キユーピーグループ サステナビリティ基本方針」を定めた。これによりキユーピーグループにとってのサステナビリティ活動とは何かが明確になった。具体的に、私たちにとってのサステナビリティ活動とは、コーポレートメッセージである「愛は食卓にある。」への想いを大切に、さまざまな課題に対して「おいしさ・やさしさ・ユニークさ」をもって取り組み、解決をめざすこと。そして、商品の設計、原料調達から、生産、販売、消費までのバリューチェーン全体を通じて人と環境を思いやり、笑顔の溢れる未来を創ることである（図表1）。

サステナビリティ基本方針

「愛は食卓にある。」への想いを大切に、さまざまな課題に対して「おいしさ・やさしさ・ユニークさ」をもって取り組み、解決をめざします。そして商品の設計、原料調達から、生産、販売、消費までのバリューチェーン全体を通じて人と環境をおもいやり、笑顔の溢れる未来を創ります。	
食と健康への貢献	● サラダとタマゴのリーディングカンパニーとして、栄養・健康価値を追究し、広く普及することで、世界の人々の健康寿命延伸に貢献します。 ● 未来を創る子どもたちの心と体の健康を、食を通じて応援します。
資源の有効活用・循環	● 卵のすべてを有効に活用する世界で唯一のメーカーとして、技術を磨き、価値を創造します。 ● 食べ方提案と未利用部の活用により、世界的にユニークな「野菜活用メーカー」をめざします。 ● プラスチックにおける循環型社会の実現のため、商品の環境配慮設計や社外との協働を進めます。 ● 水は限りある貴重な資源と認識し、効率的な利用と取水・排水における環境負荷を低減します。 ● 需要情報と生産・輸配送情報のマッチング技術を深耕し、食品ロスを削減します。
気候変動への対応	● 原料調達から消費まで、バリューチェーン全体のCO_2排出量削減をめざします。
生物多様性の保全	● 生物多様性の負の影響を最小限に抑え、生態系の回復、再生に努めます。
持続可能な調達	● 安全性はもとより、環境や人権への影響に配慮した安定調達をお取引先と協働して進めます。
人権の尊重	● 従業員のダイバーシティ＆インクルージョンを推進するとともに、ビジネスに関わるすべての人の人権を守ります。

図表1　キユーピーグループ サステナビリティ基本方針

④ サステナビリティ目標

　サステナビリティ目標とは、サステナビリティに向けた重点課題に紐づけ、キユーピーグループとして取り組むテーマを指標化したものである。

従業員一人ひとりが、サステナビリティの意識と視点をもち、キユーピーグループの理念と規範の実践により、目標達成に向けて取り組んでいる。目標の詳細や現在の進捗状況は、当社ホームページを参照いただきたい。

3 各重点課題への取り組み

6つの重点課題に対する考え方や取り組みをそれぞれ説明する。

(1) 食と健康への貢献

生涯を通じて健康な食生活を送るためには「栄養」「運動」「社会参加」の3つをバランスよく取り入れることが大切である。キユーピーグループは、とくに「栄養」に関して、サラダとタマゴでおいしくバランスの良い食生活をサポートしている。

また、子どもの心と体の健康支援にも取り組んでおり、2(1)で紹介したマヨネーズ教室、オープンキッチン、さらに、メディアライブラリー活動、および子どもたちが食生活に関して主体的に学び・考え・判断する力を育むためのサイト「食生活アカデミー」を立ち上げている。

(2) 資源の有効活用・循環

限りある食資源を無駄なく有効活用することは、食品メーカーの重要な責任であると考えている。たとえば、卵の場合は卵殻を土壌改良材やカルシウム強化商品として活用したり、卵殻膜を化粧品として活用したりすることで現在、卵の100%を有効活用できている。

また、キャベツ・レタスの葉物野菜の残渣を、エコフィードの活用に制限が多い動物である乳牛用飼料へ再生利用することに成功した。東京農工大学と当社の共同研究で、この飼料を与えた乳牛は乳量が増加することが報告されている。子会社である㈱サラダクラブはパッケージサラダを製造・販売しているが、同社直営7工場で発生する野菜の外葉や芯などの未利用部は、堆肥や飼料として契約農家などで活用されている。

製品で使用するプラスチックについても、石油由来のプラスチックの削

減に向け、プラスチックの軽量化や再生プラスチックを使用するなどの取り組みを進めている。2021年より当社の主力商品である「テイスティドレッシング」には一部再生プラスチックを使用した。

　また、事業継続のために水は限りある貴重な資源と認識し、効率的な利用と取水・排水における環境負荷の低減に取り組んでいる。

⑶ 気候変動への対応

　気候変動の原因となる CO_2 排出量削減のため、調達、生産、物流、販売・消費、オフィスの各段階において、省エネルギーやエネルギー転換などを積極的に行うことが重要と考えている。2022年度は東京都渋谷区にある本社オフィス、東京都調布市にある研究開発施設や子会社の本社機能が集まる仙川キユーポートおよび、主力製品であるマヨネーズ、ドレッシングを製造する神戸工場における使用電力を実質再生可能エネルギー由来100％へ切り替えることができた（図表2）。

　また、2021年 TCFD 提言に賛同し22年度より TCFD 推奨開示項目に沿った情報を公開した。

図表2　神戸工場に設置された太陽光パネル

⑷ 生物多様性の保全

　キユーピーグループの事業活動は、豊かな自然環境と密接な関わりをもっている。私たちは、「良い商品は良い原料からしか生まれない」という考えを大切に、原料を生み出す自然の恵みに感謝し、豊かな自然と生物多様性の保全に努めていく。

　2022年12月に策定した生物多様性方針に基づき、取り組んでいく。

⑸ 持続可能な調達

調達にあたっては品質だけではなく、環境や人権に与える影響にも配慮する必要があると考えている。キユーピーグループでは「キユーピーグループの持続可能な調達のための基本方針」を 2018 年に策定し、環境や人権に配慮した調達を推進している。さらに、サプライヤーガイドラインを定め、本ガイドラインをもって相互理解のもと、サプライチェーンにおけるさまざまな課題解決を行っていき、持続可能な調達および取引先との共存共栄をめざす。

⑹ 人権の尊重

事業活動のすべての過程で、直接または間接的に人権に影響を及ぼす可能性があることを認識し、ビジネスに関わるすべての人の人権を尊重することをめざしている。バリューチェーンに関わる幅広い人権リスクに向き合うための実行プロセスとして、人権デューデリジェンスの枠組みに沿って取り組んでいる。また、キユーピーグループはさまざまな国籍の方が働いていることから、従業員一人ひとりが人権を尊重し、差別やハラスメント行為のない職場環境を実現するために従業員への啓発活動や研修などを実施している。

4　これからの戦略 ～めざす姿の実現～

「キユーピーグループ 2030 ビジョン」の実現やサステナビリティ目標の達成のためには、キユーピーグループが一丸となって取り組む必要があると認識している。そのためにキユーピーグループ全体で課題をともに考え、それぞれの良い取り組みを水平展開し、標準化を図っている。そのために、以下の取り組みを行っていく。

① 気候変動の原因となる CO_2 削減

使用電力を実質再生可能エネルギー由来 100％にする拠点を順次増やしていく。また、Scope3 の削減に向けて、サプライヤーとの協働を進める。

② 資源の有効活用のさらなる促進

今まで難しいとされてきたマヨネーズの残渣を活用したバイオガス発電を実現（家畜の排泄物とマヨネーズなどを適切な配合率で混ぜることでバイオガスを発生させ、発電する仕組み）。今後もさまざまな残渣の有効活用の可能性を模索し、拡大していく。さらに、取引先などと連携してサプライチェーン全体で食品ロスを減らす取り組みを推進する。

また、再生プラスチックを取り扱うなど環境配慮設計に基づいた商品のラインアップを増やし消費者に提供していく。

5 最後に

コーポレートメッセージである「愛は食卓にある。」という想いを大切に、さまざまな課題に対し向き合っている。「キユーピーグループ サステナビリティ基本方針」に基づき、持続可能な社会・地球環境をめざし、その達成に向けできることから取り組んでいる。また、キユーピーグループだからこそできるユニークさを発揮し、より能動的に進めていきたい。これらの取り組みをさらに進化させ、しっかりと継続させていく。

キリングループの CSV 経営と取り組み

キリンホールディングス株式会社　CSV 戦略部

1　キリングループの CSV 経営の発端

　キリングループの経営理念は「自然と人を見つめるものづくりで、『食の健康』の新たなよろこびを広げ、こころ豊かな社会の実現に貢献します」である。CSV 経営のもと、2019 年から始めた長期経営構想（KV2027）に基づき、事業を通して社会課題の解決に取り組むことで社会的価値の創出と経済的価値の創出を両立し、2027 年までに「食から医にわたる領域で価値を創造し、世界の CSV 先進企業となる」ことをめざしている。

　キリングループが初めて「CSV」という言葉を掲げたのは 2013 年のことで、CSV を経営の基軸に据えた直接のきっかけは、11 年 3 月 11 日の東日本大震災であった。キリンビール仙台工場は震災の影響でビールのタンク 4 基が倒壊し、津波により工場内設備は大きな被害を受けたが、バリューチェーンで結びついている近隣のサプライヤーの操業再開は、ひいては地域の雇用の維持と経済の復興にもつながるという想いから、工場の再開を決意した。そして、「復興応援キリン絆プロジェクト」として 3 年間で約60 億円を拠出し復興支援に取り組んで来た。一定の成果創出の一方で、復興の道のりは長く寄贈事業の持続性の限界を痛感し、地域への貢献を持続していくには事業を通じて行う以外にないという気づきを得たのだった。

そこで着目したのが、2011年に米国の経営学者であるマイケル・ポーター教授が提唱した考え方で、事業を通じて社会課題を解決し、創出された利益を再投資することで社会課題の解決と事業の成長が実現可能とするCSVだ。

　2012年10月に発表した長期経営構想KV2021でCSRからCSVへの転換を宣言、翌13年には日本で初めてCSVの名称を使った部門（CSV本部）を発足させ、本格的にCSVを経営の基軸に据えた。

2　キリングループがめざす姿

　事業を取り巻く環境は、近年大きく変化してきた。国連のSDGsをはじめ、パリ協定採択を起点に気候変動による環境問題に対してSBTiやTCFDなどの国際的なイニシアチブも数多く立ち上がった。人口構造の変化に加えて、アルコールの有害摂取や糖類の過剰摂取による健康問題や医療費高騰等の事業を取り巻く社会課題、地域活性化や雇用などを含む、人や社会に対する取り組みについても、自社で完結するものから社会全体へポジティブな影響を与えることへの期待が高まっている。

　キリングループはKV2027において、リスクマネジメントを強化するとともに強みを生かすことで社会課題を成長機会に転換し、食から医にわたる領域で新しい価値を創造して持続的成長を実現したいと考えている。

　「食から医にわたる領域での価値創造」に向けては、既存事業の「食領域」（酒類・飲料事業）と「医領域」（医薬事業）に加え、食と医をつなぐ領域の「ヘルスサイエンス事業」を立ち上げた。これまでキリングループが培ってきた組織能力や資産を生かし、同事業をキリングループの次世代の成長の柱として育成していく。

　また、KV2027の実現に向け、3年ごとに中期経営計画を策定している。2022年中計では、社会（ステークホルダー）からの要請が高い「健康・環境・従業員」において経済価値に直接的につながる非財務目標を設定した（図表1）。

図表1　KV2027

3　CSV 経営の推進

(1) 持続的成長のための経営諸課題（GMM）

　キリングループでは、社会とともに将来にわたり持続的に存続・発展するための重要テーマとして「キリングループの持続的成長のための経営諸課題（グループ・マテリアリティ・マトリックス：GMM）」（図表2）を選定している。

中計策定（3年）ごとにステークホルダーダイアログなどのプロセスを経て、将来にわたる社会からの要請を把握し、課題の対応範囲や項目の見直しを行っている。

　社会課題の解決を事業機会ととらえる CSV 経営を進めるため、新型コロナウイルス感染症の拡大をはじめとする環境変化やステークホルダーからの期待を踏まえて、徐々に GMM

グループ・マテリアリティ・マトリックス（GMM）

●酒類メーカーとしての責任　●健康　●コミュニティ　●環境　●他の重要課題とガバナンス

図表2　キリングループ GMM

の粒度を細分化して重要性を再評価することにより、社会的要請への適合度を高めている。

(2) CSV パーパス

キリングループは、社会と価値を共創し持続的に成長するための指針として「CSV パーパス」（図表３）を策定している。「酒類メーカーとしての責任」を果たし、「健康」「コミュニティ」「環境」という社会課題に取り組むことで、こころ豊かな社会を実現し、お客様の幸せな未来に貢献したいと考えている。

図表３　CSV パーパス

(3) CSV コミットメントと推進体制

「CSV コミットメント」は、「CSV パーパス」の実現に向けた各事業の中長期アクションの約束である。CSV コミットメントにおいてそれぞれの事業で目標を掲げ、その実行状況を当社取締役会でモニタリングしている。年度末においては、取締役（社外取締役を除く）および常務執行役員の業績評価指標の一つとして CSV コミットメントの進捗・達成状況を反映しており、社外取締役が過半数を占める指名・報酬諮問委員会で審議し、

取締役会へ答申している（図表4）。

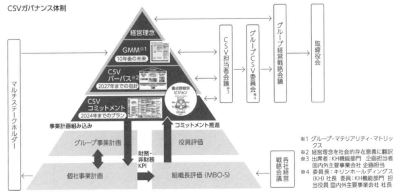

図表4　CSV ガバナンス体制

4　キリングループ環境ビジョン2050

　水や農産物など自然の恵みを利用して事業を営むキリングループにとって、地球環境の持続可能性は事業継続の前提であり、容器包装や気候変動影響への対応などのバリューチェーンでの環境負荷低減は経営基盤の強化にもつながる。環境ビジョン2050のもと、お客様をはじめ広くステークホルダーと協働し、ポジティブインパクトで豊かな地球環境を次世代につなげていく。私たちのアプローチとして、生物資源、水資源、容器包装、気候変動の4つのテーマを統合的（holistic）にとらえて解決していく（図表5）。

　気候変動において、再生可能エネルギー電源については世の中に追加し増やしていくことで社会の脱炭素化に貢献する「追加性」にこだわり、

図表5　キリングループ環境ビジョン2050

容器包装では、自らケミカルリサイクルの商業化技術開発に取り組むことで「プラスチックが循環し続ける社会」の構築をめざす。生物資源・水資源においては、事業を拡大することで生態系の回復・拡大に貢献する「ネイチャー・ポジティブ」をめざしている。

5 キリングループの代表的な取り組み

(1) プラズマ乳酸菌でつくる免疫機能の維持支援
～人々の健康増進に貢献する食品の研究・開発～

　キリングループの祖業はビール事業だが、発酵・バイオテクノロジーを中心とした技術力により約40年前から医薬分野に参入し、現在では免疫や脳機能、腸内環境を重点領域としたヘルスサイエンス事業に参入するなど、健康事業を次の成長領域としている。「プラズマ乳酸菌」を配合した「iMUSE」ブランドは、注力してきた免疫研究を食の領域にも展開したものである（図表6）。

　2010年に発見した「プラズマ乳酸菌」は20年、免疫に関する商品として日本で初めて機能性表示食品の届出が受理された。「プラズマ乳酸菌」は、健康な人の免疫機能の維持をサポートする。そのメカニズムは、プラズマ乳酸菌が免疫細胞の司令塔である「pDC（プラズマサイトイド樹状細胞）」という細胞に働きかけ、その司令塔の指示によって免疫機能全体を活性化するというものである。

23年3月には「プラズマ乳酸菌」を配合した「健康な人の免疫機能の維持をサポート」する機能性表示食品「キリン おいしい免疫ケア」を発売した。

　コロナ禍を経て社会全体で「免疫」への関心が高まっている背景を受け、

図表6　プラズマ乳酸菌を配合した商品

プラズマ乳酸菌という独自素材により、いっそう免疫ケアの大切さを啓発していく。同時に、プラズマ乳酸菌を手に取りやすい環境を創出し、免疫領域のリーディングカンパニーとして免疫市場そのものを創造すべきだと考えている。

その活動の一環として、2023年に独自素材である「プラズマ乳酸菌」の日本コカ・コーラ㈱への提供を開始した。今後、技術的なサポートを行いながら、同社により「プラズマ乳酸菌」を配合した製品の企画・開発が進められる。身近で手に取りやすい商品を通じて食での免疫ケアの習慣を広く浸透させ、お客様の健康をサポートし、CSVパーパスで掲げる「健康な人を増やし、疾病に至る人を減らし、治療に関わる人に貢献する」ことをめざしている。

(2) 地域のクラフトブルワリーとつくる多様なビール文化

~タップ・マルシェを通じたビールの魅力拡大とクラフト産業活性への挑戦~

人と人とがつながるよろこびを届け、お客様との絆を育みつづけていく、そんな想いでビールづくりをしているが、人口構造の変化等により、ビール市場全体が低迷しているという現状も否めない。お客様に喜ばれるビールをつくり続けるためにも、ビールの選択肢を広げビールをもっと魅力化したい、そんな「新たな成長エンジン」としてクラフトビール事業に力を入れている。

近年人気を高めるクラフトビールの日本における市場シェアは、ビール類全体の約1.5％とまだ発展途上であり種類も限られている。多様性が魅力のクラフトビールが真に日本で根づくためには、より多くのブルワーによる市場全体の活性化がカギとなる。キリングループが想像するクラフトビール文化は、より多くの接点で楽しまれ、かつキリン単独ではなく多様なクラフトブルワリーとともに育てていくものである。

それを叶えるために開発したのが、タップ・マルシェだ。タップ・マルシェとは、キリンビールが2018年から料飲店に向けて全国展開しているクラフトビール専用のディスペンサーで、小型でありながら1台で最大4種類のクラフトビールを提供できるのが特長である（図表7）。タップ・マルシェ

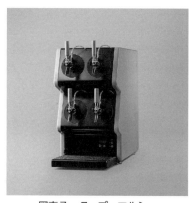

図表7　タップ・マルシェ

を通じて、自社の銘柄だけではなく、国内のさまざまなクラフトブルワリー（クラフトビールメーカー、小規模醸造所）による銘柄を楽しめるように新たなプラットフォームを構築した。23年3月現在、タップ・マルシェに参画するクラフトブルワリーは14社。北は東北から南は九州まで味わいも郷土色も豊かなクラフトビールがそろい、消費者に選ぶ楽しみとおいしさを提供している。米国などにおいて、クラフトビールは大量生産ビールに対する一種のカウンターカルチャーという側面もあるため、クラフトブルワリーが大手のビール会社と手を組むのはきわめて稀といわれている。

　多様性が魅力のクラフトビールには、多種多様なクラフトブルワリーの共存が欠かせないとキリンビールは考えている。多様な味わいを、食事とのマリアージュとともに楽しめるクラフトビールは、ともに味わう人との会話を生み出し、人と人とのつながりもつくる。クラフトビールがかつての"地ビール"のように一過性のブームで終わらぬよう、産業全体の健全な育成をサポートする施策を展開し、技術支援などを通じて、業界内の技術力の底上げにも力を尽くしている。

　地域産業を守り、地域ブルワーと一緒に新しいビール文化を盛り上げることはお酒の本質的な価値提供につながり、私たちのコーポレートスローガン「よろこびがつなぐ世界へ」をかなえることができると考える。

⑶午後の紅茶ブランドでつくる持続可能な未来
～スリランカ産紅茶葉のレインフォレスト・アライアンス認証支援～

　お客様に愛されるブランド、キリン「午後の紅茶」は発売から35年を超える。それを支えてきたのは、味わいの根幹を担う紅茶葉。「午後の紅茶」開発者が注目したのが、標高差に富んだ地形が特徴で、その標高の違いが紅茶葉の味わいに変化をもたらすスリランカ産紅茶葉だった。産地による

味のバリエーションに大きな可能性を確信し、スリランカと「午後の紅茶」の関係がスタートした。

「午後の紅茶」の製造量が増えるごとに調達する紅茶葉の量も大きく増えていった。2013年にはスリランカの紅茶葉農園の持続可能性を向上させるため、レインフォレスト・アライアンス認証の取得支援を開始している。その具体的なきっかけは、10年に愛知県名古屋市で開催された「生物多様性条約第10回締約国会議（COP10）」にある。

「午後の紅茶」の品質を保ち、製造し続けるためには、原料生産の持続可能性を強化すること、つまりは紅茶葉の生産地スリランカの農園を支援することと考えた。どのように支援するべきなのか、さまざまな議論を重ね、レインフォレスト・アライアンス認証の取得支援にたどり着いたのだった。

ある程度の経済規模を持った農園は、レインフォレスト・アライアンスをすでに取得していたため、調達する紅茶葉を認証紅茶葉だけにすれば、「午後の紅茶」の原料は持続可能だとアピールすることもできた。しかしそれは同時に、資金不足で持続可能な農業を目指せない農園を切り捨てることになり、生産地全体の持続可能性向上にはつながらない。また、調達先が限られることによるリスクも発生するとキリンは考えた。

そこで、スリランカのより多くの農園が認証を取得できるように支援し、その上質な紅茶葉を長く安定的に調達する道を選んだ。農園にとっては、認証取得によって私たちだけでなく、他企業とのビジネスにも発展できる。

実際のトレーニングの内容は、豪雨による良質な土壌の流出や地滑りなどの災害を防ぎ安定収穫が可能な農園を造るための整備、農園とその周辺に棲む野生動物が共存するための保護活動、さらには働く人たちの健康を維持するための農薬指導から農園の未来を担う子どもたちの教育支援など、多岐にわたる。

キリングループのフラッグシップブランドを担う「午後の紅茶」は、私たちのCSV活動を体現する商品であり、レインフォレスト・アライアンス認証取得支援は、紅茶葉農園と私たちのwin-winの関係を築く取り組みと考えている。

第2章　食品産業界の実践

~中小企業だってできることはある~

"豆腐屋"のサスティナビリティの取り組み

相模屋食料株式会社　代表取締役社長 鳥越 淳司

　私たち相模屋食料㈱はいわゆる「豆腐屋」だ。72年前、創業者の江原ひさが戦争只中に東京から群馬に疎開をしてきた際、「何か食べるものを」と豆腐屋を始めてから、おとうふを愛し、おとうふの可能性を信じて取り組んできた。

　豆腐はいわゆる伝統食品。「伝統」と名のつくものは、とかく「守るもの」「衰退するのをなんとか食い止めるもの」というイメージが強く、「発展」や「進化」などのポジティブなワードは登場しない。

　この誰もが「もうどうしようもない」「これ以上変わりようがない」と思っている状況をネガティブにとらえず、ポジティブに考えてみると、活路が見出せる。「もうどうしようもない」と誰もが思っている＝何をしても無駄なんだと思いこみ、誰も何もやらない＝ブルーオーシャン市場＝やれば勝てる――まさに逆転の発想である。

　そう考えてみると、さまざまなことにチャレンジできる。おとうふの可能性を広げることが無限になるということにつながる。

　当社は、豆腐という伝統食品市場で、当社は18年間で売上高13倍という驚異的な急成長をとげ、今や、グループ売上は豆腐業界史上最高の367億円となり圧倒的なトップメーカーとなった（図表1）。

　私たちのこだわりは「どこまでも豆腐屋でいる」こと。つまり、中小企

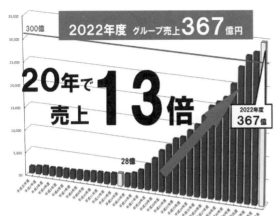

図表1　相模屋食料売上推移

業であるということである。

それは、どこまでも想いだけで突っ走ることができるということだと思っている。格好つけず、思ったことを即座に行動し実現していく。それも、圧倒的なスピードで。中小企業にはそんな突破力があると思う。そして、それが私たちの中小企業魂であり、それを誇りに思っている。

"サステナビリティ""ESG"。一見、私たち中小企業には関係ないモノに思えるかもしれない。これらは、「マンパワーも資金も専門部署のような組織もしっかりとある大企業だけが取り組んでいくことなんだ」と思ってしまうことも多いように感じる。果たしてそうなのだろうか。

確かに、大手企業の取り組みに触れていると気後れするところがある。非の打ちどころのない完璧な資料。理路整然としたロジック。専門部署による集中的な取り組み。成果も華々しい。とうてい私たち中小企業が太刀打ちできることではないと感じるのも無理はない。

だからと言って、私たち中小企業は何もできないのだろうか。大企業の事例を横目に、蚊帳の外でいるべきなのか？　そうではないはずだ。

私たちには私たちのやり方がある、やるべき道があると思う。

私たちは格好つけずにできることをやる。格好は大手企業さんが整えてくれればいいと開き直って、格好悪くても理路整然としてなくてもいいじゃないかと割り切って、自分たちに何ができるかを考えるべきだ。伝統食品市場での豆腐への取り組みの逆転の発想と同じである。

「中小企業である私たちのやるべきこと」の答えは案外近くあった。私たちの事業の根幹「おとうふ」だ。

おとうふは大豆からつくりだす。日本の食用大豆の約半分は、豆腐に使用される。大豆という穀物は、今世界で注目されているサステナブル原料である。この大半を使うおとうふは、まさに日本が誇るサステナブルフードなのである。

私たちは、この豆腐屋という事業そのものの発展が食のサステナブルにつながると思い、取り組みを進めてきた。

私たちは次の3つのポイントに取り組んだ。1と2は今回の取り組みの中核であり、3は豆腐業界が抱える最大の課題に挑むものである。

1　いままでにないおとうふの新規カテゴリー創出

2　伝統技術を持ちながら破綻していく豆腐メーカーの救済と再建

3　産業廃棄物指定のおからを活用したバイオマスプラスチックの開発

いままでにない新しいタイプのおとうふを作り出すことにより、サステナブルフード"おとうふ"を主役にして大豆食を推進する。その新しいタイプのおとうふをつくり出す礎となるのは、日本で伝統的に培われてきた各地の豆腐屋の"腕"や"技"であり、それらを組み合わせて現代風にアレンジすることで実現できると考えた。

そして、それは間違いなく日本の豆腐文化からしか生み出せない大豆の新しい世界であると思っている。

1　いままでにないおとうふの新規カテゴリー創出

10年以上前から、私たちはさまざまな新しいカテゴリーのおとうふを具現化している。たとえば、ザクとうふだ。

機動戦士ガンダムとのコラボレーションであるこのおとうふは、私の趣味で始めたこともあり、そのアツい想いがガンダムファンの方々に大きな評価を得て、大ヒットした。それまでおとうふには見向きもしなかった30〜40代の男性層がこぞっておとうふを買い求めるという、今までにない光景が広がるにいたったのだ。

また、豆腐がそれまでもっていた「豆腐は老若男女誰しもに向けたものでなければならない」という岩盤のように凝り固まった常識を崩すきっか

けになった。ザクとうふをきっかけにおとうふを味わって食べるという方も増えたのではないかと思う。

　そして、その流れに乗って、同じく当時おとうふには関心がないと思われていたF1層（20〜34歳の女性層）へのチャレンジを始めた。

　"女の子のためのおとうふ"と銘打ってF1層向けの「マスカルポーネのようなナチュラルとうふ」を開発。PRもファッションショーのランウェイでモデルがウォーキングをするという前代未聞の取り組みを進めた。

　すると、奇跡が起き、女の子たちが「おとうふがほしい」と大行列をなしてくれたのだ。また一つおとうふの購買層を広げることに成功するとともに、大豆のもつポテンシャルの大きさを証明できた。

　それからまもなくして、プラントベースドフードの時代がやってきた。そこで、私たちはふと気づいた。おとうふこそ、世界最強のプラントベースドフードではないか！

　古来、日本人のタンパク質源としてその役割を担ってきたのは間違いなく大豆であり、おとうふである。まさに、日本人は大豆とともに生きてきた民族と言っても過言ではない。タンパク質も豊富で、しかも、サステナブル。日本の伝統食品おとうふには、そんな大きなポテンシャルと意義を秘めていることに改めて気づかされるとともに、おとうふの可能性を広める取り組みを強力に推進していくことは、食のサステナブルに大いに貢献することになると確信している。

　そして、未来のおとうふという思いを込めて"豆腐を超えた豆腐"というコンセプトの「ビヨンドとうふシリーズ」の開発を進めた。チーズのようなおとうふやピザシュレッドのようなおとうふ、さらには「うに」のようなおとうふなど、次々とおとうふの新しい世界を創出し、おとうふの無限の可能性を証明してきた。

　なかでも「うにのようなビヨンドとうふ」は、多くのお客様から支持いただき、今ではシリーズを代表する看板商品になっている（図表2）。この商品の開発にあたっては、「うによりもうにらしく」をコンセプトとし、"うに風味のおとうふ"ではなく"おとうふでつくったうに"にチャレンジ。これはまさに、豆腐・大豆の可能性への挑戦であった。

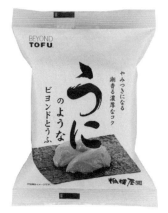

図表2 「うにのようなビヨンドとうふ」

一方で、油あげやがんもどきの商品も開発し展開を進めている。植物性肉が話題となっており、さまざまな肉代替食品が展開されているが、文明開花、つまり、すき焼きを食べるようになる前の日本人にとっての肉は間違いなく油あげであり、がんもであったのではないかと思っている。しかも、肉の代替という位置づけではなく、肉そのものだったのではないだろうか。

「カルビのようなビヨンド油あげ」は、そんな古くから日本人の記憶に刻み込まれた油揚げのイメージ、決して代替ではない「日本人にとっての肉」としての油あげを現代風にアレンジした。もちろん、油あげの伝統製法でつくりあげている。

さらに、ハンバーグのような植物性肉は、私たち豆腐屋にとってみると「これはまさにがんもじゃないか！」と思えてならない。「肉肉しいがんも」は、そんな思いを乗せて開発したもので、今は消え去ってしまった伝統のがんもづくりの技「手ごね製法」を復活させ、一方で味の素さんの食感改良技術も活用することで独特の「肉粒感」「肉肉しさ」を実現。京都で未だ「飛龍頭」として残っている、中がギュッと詰まった、まさに「肉肉しいがんも」をつくり出した。

日本の伝統技術もまだまだ捨てたもんじゃない！ 伝統文化の底力を証明したいという想いは、少しは具現化できたのではと自負している。

このような取り組みを進めるなかで、次々とおとうふの新しいカテゴリーを創出することができた。それも、私たちのこだわりである「あくまでおとうふである」からブレずに取り組んできたものである。

2 伝統技術をもちながら破綻していく豆腐メーカーの救済と再建

「なぜ相模屋は次々と新しいおとうふを生み出せるのか。」

私たちがもっとも投げかけられる質問の一つだ。それに対して私たちは、「それは日本の伝統食品文化の底力です」とお答えしている。

もちろん、新規商品開発のきっかけは湧き出るアイデアではあるが、発想だけでそれを形づくることはできない。具現化を担うのは、全国各地に根づく伝統のおとうふづくりの技が基盤になっているのだ。

日本において1000年以上の歴史をもつ豆腐には、地方ごとに独特のおとうふがある。たとえば、同じ木綿豆腐でも当社本社のある群馬県と京都では似て非なるものである。つくり方も一見同じようだが、実は勘所の部分がまったく違う製法になっている。

一方で、昨今の豆腐業界は、原料高騰の荒波のなか、地方の有力メーカーをはじめ豆腐屋さんが次々と破綻する異常事態となっており、日本が誇るサステナブルフードであるおとうふは、存亡の危機に立たされていると言っても過言ではない。

ただ、この事態は今に始まったことではない。豆腐業界では、もう20年以上前から豆腐製造施設数が右肩下がりで減少しており、淘汰の波は襲いかかっていたのである（図表3）。

なんとかこの事態を打開するべく、当社では10年以上前から破綻する豆腐メーカーの救済再建に取り組んできた。グループ入りした再建会社は8社になり、すべて黒字化を達成している。それが呼び水となり、全国の経営不振の豆腐メーカーから救済の打診をいただいている。

まさにおとうふの全国行脚をするなかで気づいたことがある。各地方に根づいた独特のおとうふがあること、そして、それを支える地方の豆腐屋さん独自の技術・製法があるということだ。

これこそが豆腐1000年の歴史のある大豆の国、日本の伝統食品の

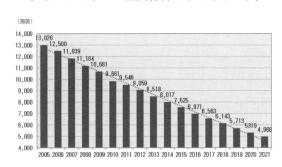

出典：厚生労働省「令和3年度 衛生行政報告例」

図表3　豆腐製造施設数推移

底力だと確信し、この伝統の独自技術の発掘と、その進化に注力することこそ、私たちの使命だと考えるにいたった。それを再建会社の取り組みの柱に据えることで、再建会社の早期の黒字化を達成できている。

このように、私たちは地方の豆腐メーカーの救済再建に取り組むなかで、全国各地に根づく豆腐づくりの独自技術を発展させ、アレンジすることで、前述した新しいおとうふの開発による新規カテゴリーの創出、ひいては日本における大豆文化の進化に向かって取り組んでいる。そうすることで、豆腐文化の掘り起こしと発展に寄与し、大豆文化の進化、すなわち、日本の食のサステナビリティへの貢献につながると確信している。

3　産業廃棄物のおからを活用したバイオマスプラスチックの開発

豆腐事業者にとっての最大の課題は、豆腐製造の際、排出されるおからへの対応である。おからは産業廃棄物に指定され、従来その処理は産廃業者に委ねるしかなかった。乾燥設備を導入し食用としての取り組みも進めてはいるが、全体量からするとごく一部に留めざるを得ない状況で、大部分は産廃処理をしていた。

この状況を打開するべく試行錯誤するなかで、おからを51％混錬したバイオマスプラスチックの開発に成功し植木鉢や袋などへ展開を進めている。

また、この取り組みは国際連合ニューヨーク本部における2018、19年のSDGs事例発表でスピーチさせていただいた際にも紹介し、注目いただいた。

おからのバイオマスプラスチックへの取り組みをさらに広げて豆腐事業のサステナビリティにつなげていきたい。

私たち豆腐屋の向かうべきサステナビリティへの取り組みは、大豆を原料とする日本が誇るサステナブルフードのおとうふの進化にあると思っている。これからも日本各地の豆腐文化を再発掘・進化させながら、それをアレンジすることで新しいおとうふの世界を創出し、また、最大の課題であるおからの有効活用を進めることで、日本の食品産業のサステナビリティに寄与していきたいと考えている。

日本の伝統食品文化の底力を見せつけていきたい。

第2章 食品産業界の実践

「水と生きる SUNTORY」
だからこそ、できること

～生命の輝きに満ちた持続可能な社会を次世代に引き継ぐ～

サントリーホールディングス株式会社

　私たちは「人と自然と響きあう」を企業理念に掲げ、創業以来、最高品質の商品・サービスをお届けすることで人々の豊かな生活文化の創造に貢献すると同時に、多様な社会や美しい地球環境との共生を実現することを自らの使命として歩んできた。

　気候変動に伴う地球温暖化や生物多様性の喪失、サプライチェーンに関わる人々の人権尊重など、環境・社会問題は地球や人類の未来にとって目を逸らすことの出来ない課題であり、企業の果たすべき役割もますます重要になっている。当社では、このようなサステナビリティへの取り組みを最重要経営戦略として推進していく。2021年には、従来からあった「コーポレートサステナビリティ推進本部」を「サステナビリティ経営推進本部」と改組し、取り組みを加速させている。

① サントリーが考えるサステナビリティ経営

　当社では、さまざまな社会貢献活動に力を注いでいる。こうした社会貢献を大切にする私たちの価値観の源は、創業以来脈々と受け継がれている「利益三分主義」にある。これは、とても信心深かった創業者 鳥井信治郎が唱えた経営哲学で、事業で得た利益は「事業への再投資」にとどまらず、

「お得意先・お取引先へのサービス」や「社会への貢献」にも役立てていこうという信念を言葉にしたもの。かつて近江商人が「売り手良し、買い手良し、世間良し」という「三方良し」の思想を基本としていたように、鳥井も常に社会へ貢献したいと考えていたのである。

こうした創業の精神は、現在もサントリーの中でずっと大切に受け継がれ、サントリー美術館やサントリーホールの芸術・文化への取り組み、あるいは社会福祉法人邦寿会への支援といった社会貢献活動に生かされている。近年、「水と生きる SUNTORY」として、とりわけ積極的に取り組んでいるのが、水のサステナビリティに貢献する環境活動だ。

「水」はサントリーグループにとって、最も重要な経営資源であり、かつ、地球にとって貴重な共有資源である。だからこそ、私たちは商品の源泉である自然の恵みに感謝し、恵みを生み出す自然の生態系が健全に循環するように、「天然水の森」活動や「水育」、「愛鳥活動」といったさまざまな取り組みを続けている（図表1）。

「水と生きる」企業として、水を育む森を守り、あらゆる生き物の渇きを癒す水のように社会に潤いを与える企業でありたい——。その願いは、永く持続していく社会の実現を目指す創業者の想いと同じなのである。

図表1　サントリー「天然水の森」活動
科学的根拠に基づき、100年先をも見据えた継続的な活動を展開。

2　サントリーグループのサステナビリティビジョン

(1) サントリーグループがめざすサステナビリティ

当社は、自然と水の恵みに生かされる企業として、「人と自然と響きあい、豊かな生活文化を創造し、『人間の生命（いのち）の輝き』をめざす。」をわたしたちの目的に掲げ、創業以来、持続可能な社会の実現をめざしている。これからも、生物多様性の再生、持続可能な社会の実現に向けたサステナビリ

ティ経営をさらに推進していく（図表2）。

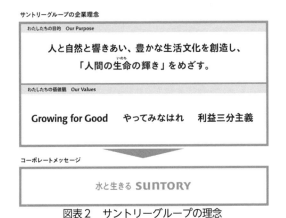

図表2　サントリーグループの理念

(2)サステナビリティの重要テーマ

　私たちは、SDGs等を活用し、重要度の高い取り組み目標として、目標6「水・衛生」、目標3「健康・福祉」、目標12「責任ある生産・消費」、目標13「気候変動」の4つを特定した（図表3）。

　また、当社は、自然環境への貢献とともに、商品・サービスの提供を通じた生活文化の創造への貢献を使命に掲げている。高品質の商品・サービスを提供することはもちろん、イノベーションを促進し、常に新たな価値を創造することで、人々に潤い豊かな暮らしを提供することが、「人と自然と響きあう」社会の根幹になると考えている。

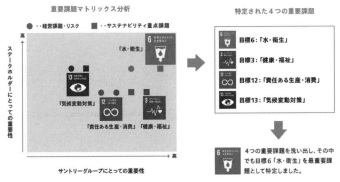

図表3　サントリーグループにとってのサステナビリティの重要テーマ

③ サステナビリティに関する7つのテーマ

サントリーグループは2019年に「サステナビリティ・ビジョン」を制定し、7つの重点テーマ「水」「CO_2」「原料」「容器・包装」「健康」「人権」「生活文化」を掲げ、サステナビリティ経営を推進している。なかでも、水のサステナビリティ、喫緊の課題である温室効果ガス（GHG）削減やプラスチック問題には、中期目標を掲げ、世の中に先駆けた取り組みを推進していく責務があると考えている。

(1) 水

水は人々の生命や生活を支える上で貴重な資源であり、当社の企業活動の源泉である。わたしたちはグループ環境基本方針の最上位に「水のサステナビリティの実現」を掲げ、2017年には『水理念』を策定した。

「サントリー環境ビジョン2050」では、貴重な共有資源である水のサステナビリティについて、全世界の自社工場での水使用を半減、全世界の自社工場で取水する量以上の水を育むための水源や生態系を保全、主要な原料農作物における持続可能な水使用を実現、主要な事業展開国において『水理念』を広く社会と共有するという目標を掲げている。

①サントリー「天然水の森」活動

サントリーでは、水源涵養機能の向上と生物多様性の再生を目的とした活動である「天然水の森」を2003年にスタートさせた。現在では、15都府県22カ所、約12,000haにまで拡大し、国内工場で汲み上げる地下水量の2倍以上の水を涵養している（図表4）。

当社のビールやウイスキー、清涼飲料は、森で育

図表4 「サントリー天然水　北アルプス信濃の森工場」
豊かな自然に囲まれた長野県大町市は「サントリー天然水」にとって理想の場所。

まれた地下水によって創り出される（図表5）。将来にわたってその水源の魅力と水量・水質を守り続けるために、私たちは豊かな地下水を育む自然環境への敬意と感謝を込めて、活動を進めていく。そして、この「天然水の森」活動の知見を活かし、グローバルでも水資源涵養活動など水のサステナビリティに取り組む。

図表5　サントリー天然水
自然の恵みをそのままに、安全な天然水を提供するため品質管理を徹底。

② グローバル水育

2004年に日本で始まった「水育」は、子どもたちが水を育む森の大切さに気づき、未来に水を引き継ぐために何ができるかを考えるきっかけとなることを目的とした、独自の次世代環境教育プログラム。15年には海外で初となるベトナムでも開始した。グローバル「水育」では、日本のプログラムに加え、現地の水課題に合わせた活動を推進している。ベトナムでは、小学校のトイレや洗面所などの改修や設置を支援し、子どもたちの衛生環境の向上にも貢献。タイでは、地下水の浸透を助ける小型堰の設置や、小川への土の流出を防ぐための植樹などの水源保全活動に取り組んでいる。今後も事業展開国において、次世代に向けて「水育」を拡げていく。

(2) CO₂

サントリーグループでは「環境ビジョン2050」にて、2050年までにバリューチェーン全体でGHG排出の実質ゼロをめざしている。また「環境目標2030」では、自社拠点で50％、バリューチェーン全体で30％のGHG排出削減という環境目標を掲げている。

① 最新の省エネ技術や再生可能エネルギーを活用

「サントリー〈天然水のビール工場〉群馬・利根川」では、自家発電で生じた熱を回収して熱源として使用するコジェネレーション（熱電併給）

システムで得た電力を、別の工場で使用する「電力託送」を行っている。メキシコのテキーラ工場では、蒸溜工程の熱回収率を向上させる「貫流ボイラー」を採用。スペインのカルカヘンテ工場では発電能力約737kW、「サントリー天然水 南アルプス白州工場」では約490kW の太陽光パネルを設置するなど、再生可能エネルギーの活用を推進するほか、GHG 排出量の少ない都市ガスやLNG（液化天然ガス）、バイオマスといった燃料への転換など、多角的にGHG 削減に取り組んでいる。

② CO_2排出実質ゼロ工場

『サントリー天然水』第4の水源として、2021年5月から稼働を始めた「サントリー天然水 北アルプス信濃の森工場」（図表6）では、太陽光発電設備やバイオマス燃料を用いたボイラーの導入、再生可能エネルギー由来電力の調達、オフセットの活用により、サントリーとして日本国内初のCO_2排出実質ゼロ工場を実現した。

図表6　CO_2排出実質ゼロ工場
「サントリー天然水」安定供給のため第4の水源として稼働。

③再生可能なエネルギーの活用

2022年にサントリーグループは、日本・米州・欧州の飲料・食品および酒類事業に関わるすべての自社生産研究拠点[1]で購入する電力を、100%再生可能エネルギー化した。温室効果ガス排出量は、日本・米州・欧州の66拠点で年間約23万 t の削減[2]に相当する。サントリーホールやサントリー美術館においても再エネ由来電力を利用している。

※1 飲料・食品および酒類事業に関わる拠点。
※2 2021年の購入電力量実績に基づく。

(3)容器・包装

　私たちはプラスチック問題について一丸となり、先陣を切って取り組むべき喫緊の課題ととらえ、「プラスチック基本方針」を策定している。

①「2R+B」※3戦略で環境負荷を低減

　私たちは、消費後の容器・包装がもたらす社会的な影響の大きさを考慮し、1997年に自主基準「環境に係る容器包装等設計ガイドライン」を策定した。とりわけペットボトルについては、独自の「2R+B（Reduce・Recycle+Bio)」戦略に基づいて、容器の軽量化やリサイクル、植物由来樹脂の積極活用に取り組んでおり、国産最軽量キャップ※4、国産最薄ラベル（再生PET樹脂80％使用）、国産最軽量ペットボトル（植物由来原料30％使用）※5を実現している。

②サステナブル素材100％のペットボトル導入を加速

　私たちは、2030年までに、グローバルで使用するすべてのペットボトルをリサイクル素材と植物由来素材に100％切り替えるという目標に向かって、清涼飲料事業において取り組みを推進している（図表7）。国内では「ボトルtoボトル」水平リサイクルを積極的に推進し、また植物由来素材の活用も進めることで、全ペットボトル重量のうち50％以上でサステナブル素材を使用することをめざす。清涼飲料以外の事業においても、グループをあげて取り組みを加速させる。

図表7 『ボトルは資源！サステナブルボトルへ』
商品ラベルに『ボトルは資源！サステナブルボトルへ』ロゴマークを記載。

③FtoPダイレクトリサイクル技術

　回収したペットボトルを粉砕・洗浄したフレークから直接、ペットボトルの原型となるプリフォームを製造できる「FtoPダイレクトリサイクル

技術」を、共同開発により世界で初めて成功。この技術により、新たに石油由来原料を使用する場合と比較すると、約70％のCO_2排出が削減[6]できる。この技術は、世界包装機構「ワールドスターコンテスト2019」において、「ワールドスター賞」を受賞した。

④㈱アールプラスジャパン設立

環境負荷の少ない効率的な使用済みプラスチックの再資源化技術の実用化を目指し、12社との共同出資により㈱アールプラスジャパンを設立した。この技術は、従来よりも少ないCO_2排出量や使用エネルギー量でプラスチックのリサイクルが期待できる、世界でも類を見ない画期的なものである。海外のパートナーや業界を超えた企業40社（2023年4月末時点）が連携し、ともに循環型社会の実現を目指して挑戦している。

※3 登録商標。
※4 30φペットボトル対象、20年4月現在時点。
※5 国産ミネラルウォーターペットボトル（500〜600ml）対象、20年4月時点。
※6 使用済みペットボトルからプリフォーム製造までの工程における量。

4 おわりに

私たちは、サステナビリティを経営の中核にすえ、お客様をはじめとするステークホルダーの声に耳を傾けながら、持続可能な社会に貢献する最高品質の商品・サービスをお届けし、グローバルに成長を続ける総合酒類食品企業として、さらなる革新と挑戦を続け、生命の輝きに満ちた持続可能な社会を次の世代に引き継ぐことを約束する。

カーボンニュートラル／
ネイチャーポジティブに向けた
日清食品グループの挑戦

日清食品ホールディングス株式会社

　日清食品グループは1958年に世界初の即席麺「チキンラーメン」、71年に世界初のカップ麺「カップヌードル」を発明し、グループの礎を築いた。現在では、即席麺は年間約1,200億食が消費される世界食となっている。グループ全体では国内即席麺事業のほか、海外事業、冷凍食品などの低温事業、シリアルやピルクルなどの菓子・飲料事業、新規事業（「完全メシ」など）を展開している。

1　創業時から続く、環境・社会課題への挑戦

　1958年、創業者の安藤百福は、食糧難や栄養不足に苦しむ人々を見て食の大切さを痛感し、誰もがお湯を注ぐだけで手軽に食べられる即席麺「チキンラーメン」を生み出した。そして、創業から65年たった現在、当社グループは新たな環境・社会課題に挑戦するため、中長期の成長戦略の一つ「EARTH FOOD CHALLENGE 2030（EFC2030）」に取り組んでいる。

　「EFC2030」は、資源有効活用へのチャレンジと気候変動問題へのチャレンジの2つの柱から成り立ち、それぞれに2030年度までに達成すべき目標を掲げている（図表1）。

図表1　EFC2030

2021年5月に公表した「EARTH FOOD CHALLENGE 2030」は、資源の有効活用のチャレンジである「EARTH Material Challenge」、気候変動問題へのチャレンジである「Green FOOD Challenge」の2つに分かれており、それぞれ2030年までの目標値を設定している。

2　気候変動問題へのチャレンジ

　環境課題のなかでも、CO_2等の温室効果ガス増加が要因とされる気候変動問題は、原材料価格の高騰や自然災害による生産・物流拠点への被害、消費者の購買活動の変化などさまざまな影響をもたらすことから、重要な経営リスクであると考えている。

　当社グループでは、EFC2030で掲げるCO_2削減目標を達成するため、工場での省エネや再生可能エネルギーの活用はもちろんのこと、製品を通じた取り組みも進めている。たとえば、「カップヌードル」の容器を「バイオマスECOカップ」に切り替え、フタ止めシールを廃止するなど、石化由来のプラスチックの使用を減らすことでCO_2排出量削減につなげている（図表2）。

　また2020年3月から、当社東京本社の使用電力の50％以上を再生可能エネルギー由来の電力に切り替えている。食べ終わった後の油汚れな

	EPS カップ EPS Cup	ECO カップ ECO Cup	バイオマス ECO カップ Biomass ECO Cup
導入年 Year	08年以前 Before 2008	08年 2008	19年 2019
バイオマス度 Biomass level	バイオマス度 Biomass level **0%**	バイオマス度 Biomass level **71%**	バイオマス度 Biomass level **81%**
主要素材 Main materials	石化プラスチック Petroleum-based Plastic	紙 Paper 石化プラスチック Petroleum-based Plastic	紙 Paper バイオマスプラスチック Biomass Plastic
プラ削減率 Rate of plastic reduction	【基準】 (Baseline)	▲23%	▲40%
CO₂削減率 Rate of CO₂ emission reduction	【基準】 (Baseline)	▲21%	▲34%

図表2 植物由来の「バイオマス ECO カップ」

「カップヌードル」は、従来の「ECO カップ」が備えていた断熱性や保香性を維持しながら、石化由来のプラスチックを植物由来のバイオマスプラスチックに一部置き換えることで、バイオマス度を81%に引き上げた容器を使用している。これにより石化由来プラスチック使用量を約半減、ライフサイクルでの CO_2 排出量を約16%削減した。

どが付いた即席麺容器は、リサイクルが困難なことから一般的には可燃ごみとして焼却処理されている。そこで、焼却にともなうエネルギーを活用する「ごみ発電電力」を導入した。

最大の課題は、自社グループ排出量の大部分を占める原材料調達由来の CO_2 排出量削減である。今後、サプライヤーとの協働施策を強化しながら、サプライチェーン（共有網）全体で CO_2 排出量削減を進めていく。

3 資源の有効活用へのチャレンジ

EFC2030で掲げる「資源の有効活用へのチャレンジ」では、廃棄物削減や水利用に関する目標を設定しているが、そのなかでもとくに重要課題と位置づけているのが、人権や環境に配慮して生産された「持続可能なパーム油100％」の調達だ。パーム油とは、アブラヤシの果肉から採れる油脂のことで、インスタントラーメンには欠かせない原材料である。

私たちは、2030年度までに森林破壊防止および生物多様性保全、人権に配慮されて生産、加工された「RSPO（持続可能なパーム油のための円卓会議）認証パーム油」と、独自評価により持続可能と判断できるパーム油のみを調達することをめざしている。23年現在、RSPO認証パーム油比率は36％となっている。独自のアセスメントでは、衛星モニタリングツール

を使い、森林・泥炭地の破壊リスクを確認しているほか、パーム油を生産する小規模農家を訪れ、直接対話（ダイアログ）を通じて生産地の環境や労働者の人権に対する影響を詳細にモニタリングしている（図表3）。

図表3　小規模農家との直接対話（ダイアログ）

2023年に実施したインドネシアのパーム油を生産する小規模農家とのダイアログの様子。

4　「EFC2030」を加速させる「ネイチャーポジティブ／カーボンニュートラル宣言」

　2022年11月には、森林破壊などによる自然や生物多様性の減少をプラスに回復させる「ネイチャーポジティブ（Nature Positive）」に向けた活動を推進し、2050年までにCO_2の排出量と吸収量を"プラスマイナスゼロ"にする「カーボンニュートラル」の達成をめざすことを宣言した。今後、製品に使用する植物性食品の割合を拡大する等、原材料に関する環境負荷の低減や、生産工程で廃棄される食材のアップサイクルによる資源の有効活用、さらにパーム油の生産地における森林再生活動など、ネイチャーポジティブに向けた活動に取り組むことで、EFC2030で掲げる資源の有効活用、そしてCO_2排出量の削減を加速させていく（図表4）。

図表4　ネイチャーポジティブとカーボンニュートラルの関係性

ネイチャーポジティブの推進は生物多様性の保全だけでなく、CO_2の削減・吸収に大きくつながる。

5 日清食品らしいサステナビリティ施策とその活動を支える社内体制

　CO_2 の削減や持続可能な調達を推進する取り組み以外でも、独自のサステナビリティ活動を進めている。その一つが、「植物性たんぱく質」の活用拡大だ。畜肉の生産は、飼料や土地利用の観点から地球環境に与える負荷が高いため、畜産と比較し環境負荷への負荷が低い植物由来の大豆ミート等を開発し、即席麺等の具材に活用している。また、畜肉の細胞を体外で組織培養することによって得られる「培養肉」の研究を東京大学と共同で進めており、2022年3月には、「食べられる培養肉」の作製に産学連携の研究において日本ではじめて成功している。そのほかにも、製品輸送・保管に使用するパレットの素材に海洋プラスチックを一部使用する等、さまざまなサステナビリティ／ESG課題に取り組んでいる。

　私たちには、多岐にわたる課題のなかから、自社が取り組むべきサステナビリティ課題を発見・抽出し、取り組みを着実に進めていく仕組みがある。

　一つ目は、代表取締役・CEOを委員長とするサステナビリティ委員会。委員会の配下には、環境、人権、広報、海外、ESG課題分析をテーマにした5つのワーキンググループ（以下 WG）があり、全社横断で各部署の関係者が参画している。WGで情報共有や議論が行われ、取り組みが効率よく推進できている（図表5）。

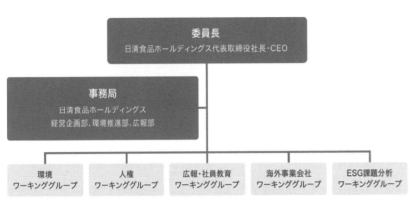

図表5　サステナビリティ委員会

二つ目は、取締役会の諮問機関として、外部有識者を中心とした「サステナビリティ・アドバイザリーボード」を設置していることである。年に２回、私たちが取り組むべきESG（環境、社会、ガバナンス）に関する課題について議論し、取締役会に対する諮問や提言を行っている。社外有識者の視点が入ることで、客観的に自社が取り組むべき課題を把握することが可能となっており、これまで炭素税やWell-being、生物多様性などのテーマを取り上げてきた。

　三つ目は、世界的なESG指標「DJSI」を自社のESG評価指標としている点である。「DJSI」は、米国S&Pダウ・ジョーンズ・インデックス社が選定する世界的なESG投資の指標で、1999年から毎年、世界の主要企業を「経済」「環境」「社会」の３分野において調査・分析し、持続可能性（Sustainability）に優れた企業を評価している。DJSIを自社のESG活動の評価指標の一つとすることで、各取り組みレベルを定量的にはかり、ボトムアップで改善に取り組んでいる。2018年にDJSIをESG指標として選定し、現在は国内食品業界で２社のみとなる「DJSI World」の構成銘柄に３年連続で選ばれている。

⑥　社内一丸となってサステナビリティ課題に取り組む

　従業員一人ひとりに自社のサステナビリティに関する理解促進と取り組みを推進するため、社内報の活用やセミナーなどの施策を実施している。なかでも50年間に100の社会貢献活動を行う「百福士プロジェクト」では、社員と協力しながらさまざまな課題に取り組んでいる。2022年に実施した「食品ロスをなくそう！NISSINもったいナイッス！プロジェクト」では、当社グループの社員とその家族が、食品ロスに対する知識や理解を深めて家庭における食品ロスの削減に取り組むため、有識者をまじえたトークイベント、オンライン映画上映会、社内コミニケーションサイトの開設などの活動を実施した。

　こうした取り組みが功を奏しており、社内の意識調査では全従業員の７割以上が「会社は環境に配慮した事業を行っていると思う」と解答し

図表6
「百福士プロジェクト」
食品ロスを考える社員向けオンラ
イントークイベントの様子。

ている（図表6）。

7　サステナビリティ経営の実践を続けていくために

　私たちは、サステナビリティ課題への対応を成長戦略として位置づける
ことで、持続可能な社会の実現と企業価値の向上をめざしている。社内で
PDCAサイクルを回すうえでは、TCFD（Task Force on Climate-Related
Financial Disclosures）への対応などサステナビリティ経営の「条件」で
ある取り組みに加えて、自社のバリュー（Happy、Creative、Unique、
Global）を常に大切にしている。今後も、ステークホルダーの皆様とともに、
日清食品らしいサステナビリティ経営の実践に努めていく。

「健康で豊かな生活づくりに貢献する」日清製粉グループが目指すサステナビリティ

株式会社日清製粉グループ本社　総務本部総務部サステナビリティ推進室

1　はじめに

　日清製粉グループは、2023（令和5）年10月に創立123年を迎える。

　創業者である正田貞一郎は、「事業はつねに社会と結ぶことを念頭に。自分1人が儲けることを考えると事業はけっして長続きしない。すなわち信は万事の本である（信為万事本）」という言葉を残している（図表1）。

　当社グループは、『信を万事の本と為す』と『時代への適合』という社是のもと、創業期は良質な小麦粉の安定供給をめざして日本の製粉業の機械化を進め、戦後の食糧難に際しては製造体制の迅速な復興を実現して国内の食糧不足に対応し、高度成長期以降は食や生活スタイルの変化にいち早く適応した事業の多角化を進めるとともに海外市場の開拓を図るなど、時代の変化ととも

事業をやる以上は、社会のために尽くすということがどうしても根本になければいけない

日清製粉グループ 創業者　　正田 貞一郎

図表1　正田貞一郎の言葉

に事業ポートフォリオを強化しながら120年を超える歴史を積み重ね、「信頼」という日清製粉グループのブランドを築いてきた。

現在では、持株会社である日清製粉グループ本社のもと、製粉、加工食品、健康食品、酵母・バイオ、中食・惣菜、エンジニアリング、メッシュクロスの7つの事業が総合力を発揮し、協働することで、外食・内食・中食シーンなど多くの事業・領域でナンバーワンを実現するとともに、グローバル展開に向けた取り組みを積極的に推進している（図表2）。

創業当初から脈々と受け継いできた大切な思いを礎に、より良い未来を築くため、これからも当社グループは、絶え間ない自己変革を通じて多彩な価値を創造し、持続的な成長を実現するとともに事業を通じて社会に貢献していく。

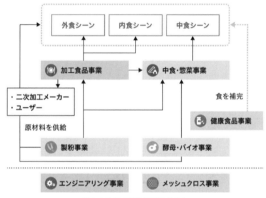

図表2　当社グループの事業ポートフォリオ

2　サステナビリティへの取り組み

(1) 日清製粉グループのサステナビリティ経営の考え方

当社グループは、1900年の創業以来、主要食糧である小麦粉や小麦粉関連製品を含めた「食」の安定供給を確保し、安全・安心な製品をお届けするという社会的使命のもと、さまざまなステークホルダーの声を聞き「健康で豊かな生活づくりに貢献する」という企業理念の実践に取り組んできた。

一方、足元では世界的な新型コロナウイルス感染症の影響や食糧・コストインフレの継続等、当社グループを取り巻く事業環境は大きく変化し、さらに気候変動、食糧資源不足等の地球規模の課題やサプライチェーンも含めた人権課題等への対応が、企業に求められている。また、近年はデジタル技術やフー

ドテック等の技術革新がビジネスモデルの変革や新市場創造を促すなか、こうした成長機会を取り込んでいく重要性もいっそう高まっている。

このような変化に柔軟に対応し、当社グループが持続的に発展していくためには、企業価値を高める規律としてのガバナンスを強化し、当社グループのバリューチェーンと、環境・社会への貢献を深く関連させたサステナビリティ経営を推進することが必要と考えている。またその推進には、多様な人材が存分に力を発揮できる環境の整備や挑戦を恐れない風土づくりが重要である。

こうした考えのもと、企業価値の極大化をめざし、社会の動きに合わせ ESG（環境・社会・ガバナンス）課題に主体的に取り組んでいくため、ビジネス上の重要性とステークホルダーの関心度合いをもとに、当社グループとしてもっとも優先的に取り組む必要がある5つの重要課題を特定している。

(2) CSR 重要課題（マテリアリティ）

特定した5つの CSR 重要課題（マテリアリティ）は以下の通りである。

当社グループの使命である安全・安心な「食」の安定供給を確保するために取り組むべき課題や、現代社会が直面するさまざまな課題に対して、それらの解決とともに新たな事業機会ととらえ、事業を通じて新たな社会的価値を創出することで、社会に貢献することをめざしている。

「安全で健康的な食の提供と責任ある消費者コミュニケーション」

「健康と信頼をお届けする」をコーポレートスローガンとして、製品の品質保証をもっとも重要な責務と考え「消費者視点から品質を保証する」ことを基本としている。また、高齢化が進み健康志向が高まるなど、食に関する課題やニーズが多様化するなか、当社グループで培った知見を活かし、お客様の健康に寄与する製品・技術の研究開発に注力し、新たな価値を創造し提供していく。

「安定的かつ持続可能な原材料の調達推進」

安全で高品質な「食」を安定的に供給し続けるため、取引先と連携して、サプライチェーン上の環境課題や人権リスクの把握とその低減に努め、公正で倫理的な取引を基本とした責任ある調達活動を行っていく。また国内外の原料原産地の状況把握に努め、小麦をはじめとした原材料の安定的な調達を通じて、安全・安心な製品をお客様に提供していく。

「食品廃棄物、容器包装廃棄物への対応」

食品廃棄物およびプラスチック廃棄物の発生を抑制し、持続可能な仕組みで再生利用を推進することは、食品企業が取り組むべき重要な課題の一つと考えている。サプライチェーン各段階のお取引先とともに課題解決に取り組んでいく。

「気候変動および水問題への対応」

気候変動および水問題への対応は企業の存続と活動の必須要件であり、当社グループにおいても、事業拠点や原材料生産地への自然災害、物流の寸断等、サプライチェーンのあらゆる段階に影響を及ぼす可能性がある。サプライチェーン各段階のお取引先とともに脱炭素社会への貢献、水資源の有効利用に取り組んでいく。

「健全で働きがいのある労働環境の確保」

当社グループの成長と発展を支えるのは従業員である。すべての従業員が心身ともに健康で働きがいを感じ、多様な人材が能力を発揮することができる職場環境の実現のために、「働き方改革」「健康経営」等を推進して、新たな価値の創造につながるような企業風土の醸成をめざす。

(3) E（環境）への対応推進：環境課題中長期目標の設定

5つのCSR重要課題のうち、「食品廃棄物、容器包装廃棄物への対応」「気候変動および水問題への対応」については、とりわけ世界の持続可能性に関わるテーマとして経営の最重要事項に位置づけ、4つの環境課題中長期目標を設定し、その達成に向け実効性の高い取り組みを進めている（図表3）。

＜気候変動への対応：CO₂排出量削減＞

2050年目標	・グループの自社拠点でCO₂排出量実質ゼロを目指す
2030年度目標	・サプライチェーンにおけるCO₂排出量の削減に取組む ・グループの自社拠点でCO₂排出量50％削減を目指す（2013年度比）

＜水問題への対応：水使用量削減＞

2040年度目標	・工場の水使用量原単位30％削減を目指す（2021年度比）

＜食品廃棄物への対応：食品廃棄物削減＞

2030年度目標	・原料調達からお客様納品までの食品廃棄物の50％以上削減を目指す（2016年度比、中食・惣菜事業19年度比） ・サプライチェーン各段階の取引先と共に食品廃棄物削減に取組む

＜容器包装廃棄物への対応：容器包装廃棄物削減＞

2030年度目標	・化石燃料由来のプラスチック使用量の25％以上削減を目指す（2019年度比） ・環境に配慮した設計などプラスチック資源の循環を促進する ・容器包装へのバイオマスプラスチック、再生プラスチック、再生紙、FSC認証紙等の持続可能な包装資材の使用を推進する

図表3　環境課題中長期目標

3 CSR重要課題の取り組み事例

(1) 「安全で健康的な食の提供と責任ある消費者コミュニケーション」の取り組み

① 食品安全の確保

製品の品質保証は食品企業のもっとも重要な責務と考え、「企業行動規範・社員行動指針」のなかで「安心・安全で高品質な製品・サービスの開発と提供」を掲げ、関連法規などの遵守、FSSC22000などの国際的なマネジメントシステムの活用、全製造工場および倉庫に対する品質保証監査の実施等に取り組み、消費者の視点からの品質保証を第一とした品質保証体制を構築している。

② 責任ある消費者コミュニケーション

家庭用製品についての問い合わせや指摘への窓口として「お客様相談室」を設置している。寄せられた声は、研究開発から生産、販売にいたる関係部署で情報共有し、迅速かつ的確に対応するとともに、お客様の立場に立った製品づくりにつなげている。

③ 健康的な食生活への貢献

「健康機能性素材」「中食・惣菜加工技術」「フードテック」「自動化」を重点研究開発領域として、小麦や小麦の加工技術の知見を活かした健康素材製品や、酵母研究の知見を活用した製品など、幅広いラインアップで

重点研究開発領域	健康機能性素材 （健康寿命の延伸に貢献）	小麦の成分を中心に、メタボリックシンドロームの予防など各種健康機能性の研究開発
	中食・惣菜加工技術 （競争力強化、食品ロス削減）	惣菜類の味、香り、色、食感等おいしさを向上させる調理加工技術や消費期限の延長につながる微生物抑制技術等
	フードテック （新規事業開発、既存事業の競争優位の確保）	スタートアップ企業との協業も視野に入れた、タンパク質クライシスや食品ロス等の食に関する課題を解決する技術
	自動化 （省人化・省力化の実現）	デジタル技術（AI、IoT）やロボット技術の中食・惣菜事業、製粉事業等への活用

図表4　重点研究開発領域の研究テーマ

健康や社会課題の解決に貢献する新しい製品・サービスを提供している（図表4、図表5）。

機能性小麦ブラン「ナチュブラン」	発酵調味料「極旨プラス」、 PF（プランフード）シリーズ
当社独自製法の小麦ブラン（業務用製品名「SFブラン」）を使用した機能性表示食品"カラダにおいしいこと。"シリーズを展開している。 小麦ブラン（ふすま）に含まれる小麦由来アラビノキシランは、善玉菌（酪酸菌）を増やして腸内環境を改善する、食後の血糖値上昇をゆるやかにするなど健康に良い影響を与えることが報告されている。	酵母と乳酸菌で、穀物などを十分に発酵させ加熱処理した発酵調味料。少量の添加で味の厚みやコクが底上げされると共に、減塩により失われたおいしさをカバーする旨味、酸味、香りの成分がバランスよく含まれ、減塩食品のメニュー作りもサポートする。また動物性原材料不使用のPF（プランフード）シリーズにも用いられ、味の厚みやコクを底上げし、大豆たん白の大豆臭を感じにくくしている。

日清製粉㈱
㈱日清製粉ウェルナ
オリエンタル酵母工業㈱

「ナチュブラン」　「冷凍生パスタ」2品　　　　極旨プラス使用例　　PFまとまーる使用例
　　　　　　　　　　　　　　　　　　　　　　（切り干し大根）　　（大豆ハンバーグ）

図表5　当社グループの健康に貢献する製品・サービスの例

(2)「安定的かつ持続可能な原材料の調達推進」の取り組み
① 小麦の安定的な調達

日本が小麦を輸入している主要3カ国（米国・カナダ・豪州）に事業拠点を持ち、小麦生産地からの情報収集や生産者とのコミュニケーションに努め、小麦の安定的な調達と供給を図っている。

また気候変動が小麦の生育や品質に与える影響について、関連する調査研究の最新動向を継続的に把握するとともに、生産者や研究機関と連携して育種支援を行うなど、気候変動への適応策を推進している。

② 持続可能な原材料調達

当社グループの「責任ある調達方針」「サプライヤー・ガイドライン」

を取引先へ周知するとともに、CSR調達セルフアセスメント等を通じて、サプライチェーン上の人権リスクや環境課題等の有無を把握している。対応が必要な課題に対しては、取引先とともに是正に取り組んでいく。

⑶「食品廃棄物、容器包装廃棄物への対応」の取り組み
① 食品廃棄物への対応

生産工程の改善による生産段階での食品廃棄物の発生抑制、飼料化・肥料化による再生利用などに取り組んでいる。また賞味期限の年月表示化や賞味期限延長に資する研究開発を推進し、流通・消費段階での発生抑制にも取り組んでいる。

② 容器包装廃棄物への対応

包装設計・研究開発の段階から容器の薄肉化・軽量化やバイオマスプラスチック等の持続可能な資材の活用等の検討を進め、容器包装の環境負荷低減に取り組んでいる。

⑷「気候変動および水問題への対応」の取り組み
① 気候変動への対応
TCFDフレームワークに沿った気候変動影響評価

2021年にTCFD提言への賛同を表明するとともにTCFDコンソーシアムへ参加した。TCFDフレームワークに沿ったシナリオ分析を実施し、とくに重要度の高いリスクと機会については、原料調達の安定性強化や激甚災害等の有事への備え、環境課題中長期目標の設定、環境に配慮した製品サービスの拡充などの対応策をグループ各社の事業戦略に落とし込み、計画的に取り組みを進めている。

「食」の安定供給を確保する激甚災害等の有事への備え

激甚災害等の有事が発生した場合でも事業の継続を維持し、「食」の安定供給を守っていくために事業継続計画（BCP）を策定している。また事業継続等を考慮した財務の安定性を確保したうえで、積極的な戦略投資による資本効率の向上を図っている。激甚災害への備えとしては、事業場ごとのハザード分析やタイムラインを活用した防災対策、設備改修による地

震や高潮への対策強化等を進めている。

自社拠点における CO_2 排出削減の取り組み

生産効率の改善、高効率設備の積極的な導入、太陽光発電設備等再生可能エネルギーの利用拡大等の省エネ施策を積極的に進めている。さらに長期的な視点で大規模な設備投資を確実に実施するために CO_2 排出量削減ロードマップを作成するとともに、インターナルカーボンプライシング制度を導入して積極的な省エネ投資の推進を図っている。

環境に配慮した製品・サービスの提供

当社グループでは、サプライチェーンにおける CO_2 排出削減、環境負荷低減に資する製品・技術・サービスを各種提供している（図表6）。

図表6　当社グループの環境に配慮した製品・技術・サービスの例

②水資源への対応

国内外すべての製造拠点の水使用量や排水の管理状況を把握し効率的な水利用に努めている。さらに製造拠点ごとに、将来の水ストレスに応じた水使

用量の削減目標を設定し、削減に取り組んでいる。とくに将来の水ストレスが高いと予測される拠点では水使用量原単位の半減をめざしている。

⑸「健全で働きがいのある労働環境の確保」の取り組み
① 人権を尊重する企業経営の推進

「人間性の尊重」を企業行動規範に掲げ、国連「ビジネスと人権に関する指導原則」に基づいた「日清製粉グループ人権方針」の制定、人権デュー・ディリジェンスを実施し、グループの事業に関わる社内外のすべての人々の人権を尊重する企業経営を推進している。

② 持続的成長を支える組織・人材づくり

「会社と社員は成長と発展を共有するパートナーである」との考えのもと、働き方改革や健康経営、従業員エンゲージメント調査等を通じて、社員がやりがいを持って活躍できる組織・業務体制の構築に取り組んでいる。また次世代の経営人材の早期育成、デジタル化の原動力・機動力となる人材の育成など、新たな挑戦・改革を主導する自律型人材の育成を推進している。

4 サステナブルな未来に向けた、当社グループのアウトカム

当社グループは、これまで述べてきた取り組みを通じて、また私たちの生活に欠かすことのできない小麦を起点とする多彩な事業の連携で、地球、社会、私たちにとって持続可能な形で「食の豊かさ」「健康」「安全・安心」を、世界中の家庭のあらゆる生活シーンにお届けする所存である。

将来にわたって、企業理念である「健康で豊かな生活づくりに貢献する」ために、事業を通じて社会貢献を果たし、食の中心企業として成長を継続していく。

コカ・コーラシステムの
サスティナビリティー

日本コカ・コーラ株式会社　広報・渉外＆サスティナビリティー推進本部
サスティナビリティー推進部部長　飯田 征樹

1 はじめに

　1886年5月8日、米国ジョージア州アトランタの薬局で最初の「コカ・コーラ」が提供された。以来私たちは130年以上にわたって事業を継続し、現在では世界200以上の国において、200以上の飲料ブランドを、1日当たり19億杯以上提供している。日本国内においても1949（昭和24）年の操業開始以来、多くの皆様にご愛顧いただき現在にいたっている。

　私たちのパーパス（事業目的）は「Refresh the World. Make a Difference.（世界中をうるおし、さわやかさを提供すること。前向きな変化をもたらすこと。）」。そしてビジョンは「LOVED BRANDS（愛されるブランド）、DONE SUSTAINABLY（持続可能な方法で）、FOR A BETTER SHARED FUTURE（よりよい未来の共有のために）」である。とくに「DONE SUSTAINABLY」という言葉は、私たちサスティナビリティー部門の従業員にとっても拠り所の一つとなっている。

2 コカ・コーラシステムについて

　本題に入る前に、私たちの事業について触れたい。コカ・コーラの事業は創業以来、米国ジョージア州にあるザ コカ・コーラカンパニー（TCCC）ならびにその現地法人と、各地域で製品の製造・販売を担うボトラー社の緊密な連携によって成り立っている。これは世界共通のビジネスモデルで、私たちはこれを「コカ・コーラシステム」と呼んでいる。日本国内においては原液の供給と製品の企画開発やマーケティング活動を行う私たち日本コカ・コーラ（CCJC）と、5社のボトラー社が協業し事業を営んでいる。各社はそれぞれ独立した会社であり、親会社・子会社といった関係にはない。CSR・CSV、地域貢献活動においても、地域の課題を熟知したボトラー社が、それぞれの地元のニーズに即した活動を続けてきた。

　しかしながら昨今、私たちを取り巻く社会課題や事業リスクは多岐にわたり、複雑化している。民間企業に寄せられる要請や期待も大きくなるいっぽう、個社だけでは解決が難しいものも少なくない。政府自治体との連携はもちろん、国際的な協調や、サプライチェーンの協力が必要な局面も増えている。こうした状況にシステム一丸となって臨むため、私たちは2019年、グローバルなサスティナビリティー目標の達成に加え、日本独自の課題をベースにした戦略を立案し共通のアクションプランへ落とし込むことを目的に、課題抽出と優先順位の特定のための大規模な共同調査を行った。

図表1　サステナビリティフレームワーク

その結果、「多様性の尊重（Inclusion）」「地域社会（Communities）」「資源（Resources）」の3つのプラットフォームと直近に取り組むべき9つの重点課題が合意された（図表1）。

2020年にはCCJCにサスティナビリティー推進部が新設され、社内はもちろん、ボトラー各社の関連部門やサプライヤーの皆様とも緊密に連携しながら、システムとしてのサスティナビリティー戦略推進の旗振り役を担っている。前述の通りシステム各社はそれぞれ別個の会社であり、営業地域や抱える課題も異なる。だが、お客様やステークホルダーから見ればどの会社も「コカ・コーラ」の名を冠し、「コカ・コーラ」のユニフォームを着ていることに変わりはない。一つのシステムとして持続可能な方法で事業を行うことが、私たちの住む社会と地球環境によりポジティブな変化をもたらし、ひいては私たち自身の事業の持続可能性につながるものと考えている。

清涼飲料業界のみならず、食品産業において喫緊の課題の一つが、持続可能な容器包装への取り組みだ。私たちはグローバルビジョン「World Without Waste（廃棄物ゼロ社会）」に基づき、2018年に日本のシステム独自の目標「容器の2030年ビジョン」を策定。「設計」「回収」「パートナー」の3つの柱からなる活動に取り組み、容器由来の廃棄物削減と、日本国内におけるプラスチック資源の循環利用の促進を目指している（図表2）。

図表2　資源：容器の2030年ビジョン

3 　100％リサイクル PET ボトルの導入を拡大

　もっとも大きなチャレンジは、2030 年までにすべての PET ボトルを 100％サスティナブル素材（リサイクル素材または植物由来素材）へ切り替えることだ。これは TCCC が全世界で掲げる目標（2030 年までに最低 50％以上をリサイクル材で賄う）よりもさらに野心的な、日本のシステム独自の目標である。私たちはこのビジョンに沿って、2020 年にまず「い・ろ・は・す」で、21 年には「コカ・コーラ」「ジョージア」などにも 100％リサイクル PET ボトルを導入してきた。23 年現在、そのラインアップは **4 ブランド、44SKU** にまで拡大している（図表 3）。また、国内で販売している 90％以上の PET ボトル製品にサスティナブル素材が一部または全部使用されている。引き続き「ボトル to ボトル（水平リサイクル）」を推進することで、100％リサイクル PET ボトルのラインアップ拡大と新規石油由来の原材料の使用量削減を図る。

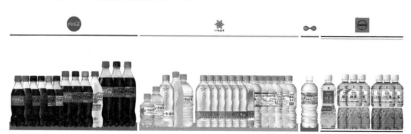

図表 3 　100％ PET ボトル製品

　また日本国内でラベルレス製品の販売が可能になったことにともない、2020 年 4 月には初のラベルレス製品「い・ろ・は・す天然水ラベルレス」を、そして 22 年 4 月には「コカ・コーラ」のラベルレスを、ともに 100％リサイクル PET ボトルで発売した（図表 4）。ラベルレス製品も 23 年現在、**10 ブ**

図表 4 　ラベルレス「コカ・コーラ」

ランド **21KU** にまで拡大しているほか、中国や韓国など他の市場でも販売がスタートしている。ラベルに使用するプラスチックを削減できるだけでなく、家庭などでリサイクルに出しやすいことも好評だ。

　容器に使用するプラスチック量そのものを削減することにも、継続的に注力している。一例をあげれば、2022 年に導入した「コカ・コーラ」700mlPET ボトルでは、従来の 42 g から 27 g への軽量化に成功している。軽量化の努力は PET ボトルに限った話ではなく、たとえば、2023 年から一部区域で導入されたアルミ缶（350ml）は、従来の 11.5g から 10.9 g へ、0.6 g の軽量化を実現している。

4 「回収」自治体や取引先との連携強化

　私たちが水平リサイクルを推進できるのは、ひとえに日本社会に優れた資源回収のスキームが根づいているからだ。PET ボトルリサイクル推進協議会によれば、日本国内における使用済み PET ボトルの回収率は 94.0％、リサイクル率は 86.0％（ともに 2021 年度）となり、他国と比べてもきわめて高水準にあることが知られている。だが、一方で「ボトル to ボトル」比率、つまり PET ボトルが再び PET ボトルにリサイクルされる割合は 20.3％にとどまる。使用済み PET ボトルは適切に回収すれば、再び PET ボトルとして半永久的にリサイクルすることが可能で、資源の効率的な利用と、海洋プラスチックごみの削減にもつながる。

　そのため、私たちは、各地の自治体や取引先とともに回収や啓発の推進に取り組んでいる。2022 〜 23 年にかけてはコカ・コーラボトラーズジャパン社が埼玉県久喜市、吉見町、神奈川県座間市、海老名市、滋賀県守山市などと水平リサイクルの推進に関する協定を締結している。また、22 年には森ビル㈱が運営する「六本木ヒルズ」内で回収した PET ボトルを回収し、再びコカ・コーラ社製品の容器としてリサイクルする実証実験にも参画した。

5 「パートナー」プラスチック資源循環社会の実現を目指して

　循環型社会の実現には、志を同じくする企業や団体との協業も重要だ。2019年より販売している当社の緑茶ブランド「一（はじめ）」シリーズは、㈱セブン＆アイ・ホールディングスとの協業により、セブン＆アイグループの店頭で回収された使用済みPETボトルのみをリサイクルした「完全循環型PETボトルリサイクル」を採用している。また、22年には（公財）世界自然保護基金ジャパン（WWFジャパン）の「サーキュラー・エコノミーの原則」に賛同し、「プラスチック・サーキュラー・チャレンジ2025」への取り組みへ署名。2025年までにすべての容器をリサイクル可能なものに切り替えることなどを目指している。

6 2030年までに「4杯に1杯」を再利用可能な容器で

　新たな目標についても触れたい。2022年2月、TCCCは2030年までに全世界で「4杯に1杯」の飲料を再利用可能な容器で提供する、という野心的な目標を発表した。具体的には「コカ・コーラ」に代表されるガラス製リターナブルボトル、料飲店等におけるディスペンサーのビジネス、再充填可能なPETボトルなどを通して目標の達成をめざす。日本においても消費者の新たな飲用習慣に対応したウォーターサーバー「bonaqua Water Bar」を開発、企業や大学などで試験展開している。ユーザーが持参したマイボトルや紙コップなどに冷水、常温水、お湯、強度の違う2種類の炭酸水を給水（有償）でき、マイボトルの洗浄も可能だ※。

※食品衛生責任者がいる有人環境での営業が認められている機材。

7 水資源保護：2030年に向けた取り組み

　「資源」におけるもう一つの重要な課題、「水」は、私たちの製品のもっとも大切な原材料であると同時に、私たちの事業の持続可能性や地域社会の衛生にとっても中心的な役割を担うものである。　2021年3月、

TCCC は 2030 年に向けた新たな水資源保全戦略を発表した。新たな戦略においては、地域の水源涵養、より厳格なポリシーの提唱、事業と地域社会における責任ある水の利用などを通じ、持続可能な水資源の保全を重視している。

これまでも私たちは「製造時に使用する水の 100％涵養」を目標に、水資源保護に取り組んでおり、日本でも 2016 年に目標を達成している。現在、日本国内では製造時に使用した水の量の 3 倍程度の涵養を継続的に達成しているが、新しい戦略はこれをさらに推し進めるものだ。私たちは新戦略に基づき、日本国内における水リスクの特定や、新たな涵養活動などのための計画を立案している最中である。今後は個々の生産拠点での涵養率 100％の達成に加え、バリューチェーンにも目を向け、温暖化の影響により洪水や干ばつのリスクが高まっている流域の地域社会を支援することで、人々と生態系により好影響をもたらすことを意図している。

8 DE & I：私たちが向き合う市場と同じように、私たち自身も多様であること

最後に、ダイバーシティ・エクイティ＆インクルージョン（DE & I）の取り組みについても紹介したい。私たちが多様性を重視するのはひとえに、私たちが向き合う市場や顧客、消費者が多様であるからだ。多様なニーズにこたえ続けるためには、私たち自身が多様である必要がある。まず重要となってくるのがジェンダーだ。TCCC は 2030 年までに女性管理職比率を 50％にまで引き上げる目標を設定しているが、CCJC ではこれを 2025 年までに達成したいと考えている（日韓オペレーティングユニットとして）。また、マイノリティの方々の支援や、権利の保護も重点的な課題となる。2021 年 5 月には日本のコカ・コーラシステム全 6 社において、戸籍上同性のパートナーにも対応した福利厚生および就業規則の整備を完了している。22 年には LGBTQ+ についての基本的な解説や過去の歴史、アライ（自分自身が性的マイノリティであるかどうかによらず、積極的に LGBTQ+ を理解し、サポートする人）になるために必要な知識などをまとめた「LGBTQ+ アライのためのハンドブック」を策定・導入するとと

もに、企業・団体に向けて無償公開した（図表5）。

こうした活動が評価され、任意団体「work with Pride」が職場における「LGBTQ」に関する取り組みを評価する「PRIDE指標2022」において、システム全6社が最高位である「ゴールド」認定を受賞。CCJCとコカ・コーラ ボトラーズジャパン社はセクターを超えた協働を推進する企業を評価する「レインボー」認定を受賞している。

図表5　LGBTQ+ アライのための
　　　　ハンドブック

9　最後に

ここまで紹介してきたように、私たちシステムにとってサスティナビリティーはビジネス戦略の一部であり、不可分なものだ。紙幅の都合で割愛したが、今回紹介した取り組み以外にも、全国88万台の自動販売機網を活用し、災害などの発生時に遠隔操作により無償で製品を提供できる「災害支援型 自動販売機」や、取引先（自動販売機設置契約先）と協働でNPOなどに売上げの一部を寄付する「支援型 自動販売機」、そしてボトラー各社が地域で長年取り組んでいる社会貢献活動が多数存在する。詳細については、ぜひ当社のウェブサイトをご一読いただきたい（https://www.cocacola.co.jp/sustainability）。

コカ・コーラシステムの強みは、グローバルなネットワークをもつ私たちCCJCと、地域の課題やニーズを熟知したボトラー社が緊密に連携し、それぞれの役割を果たすことでより発揮される。これは、事業においてもサスティナビリティーにおいても変わらない。私たちは、これからも正しい方法で事業を行うことを通じ、より持続可能で、より良い共通の未来を創り、人々の生活、地域社会、そして地球環境にポジティブな変化を生み出す存在でありたいと考える。

「食で健康」における持続可能な社会実現への貢献

～企業市民として「グッドパートナー」を目指す～

ハウス食品グループ本社株式会社　広報・IR 部

1　はじめに

　当社グループは、1913 年に薬種化学原料店「浦上商店」として創業した。漢方生薬原料やソース原料としてスパイスを取り扱っており、26 年に粉末カレーの製造販売を開始した。その後、63 年に「バーモントカレー」を発売（図表 1）。当時カレーは辛くて「おとなの食べもの」だったが、「子どもも一緒に家族で楽しめるマイルドなカレー」というコンセプトが支持されロングセラーとなり、2023 年には発売 60 周年を迎えることとなった。

　企業の歴史としては、創業 100 周年の 2013 年に持株会社体制へ移行した。バリューチェーンを強化するために、川上や川下に強みのある企業をグループ会社に迎え入れており、「食で健康」を提供価値としてグローバルにプレゼンスのある企業グループをめざしている。創業 100周年を機に、当社のグループ理念として「食を通じて人とつながり、笑顔ある暮らしを共につくるグッドパートナーをめざします。」を

図表1　1963 年発売当時の「バーモントカレー」

掲げた。当社グループが個性をもった企業市民として、さまざまなステークホルダーに対して社会のなかで責任を果たす「グッドパートナー」でありたいと考えている。

本章では、サスティナビリティという幅広い領域のなかでも、CSR観点での当社グループ独自の考え方や組織体制構築の経緯、事業や製品を通じた具体的な取り組みを紹介する。

2 当社グループにおけるサスティナビリティの考え方

(1)「3つの責任」について

当社グループには1965年に制定された「ハウスの意（こころ）」という社是・社訓がある。そのなかの一つに「世にあって有用な社員たるべし、又社たるべし」という一文があり、「社会にとって役立つ、社員、また会社である」という基本姿勢を示している。

当社グループにおけるサスティナビリティの考え方として、企業市民として果たすべき「3つの責任」（お客様への責任、社員とその家族への責任、社会への責任）を置いており、「3つの責任」を真摯に果たしていくことをすべての活動の根幹としている（図表2）。これはサスティナビリティという言葉が広がる以前から、当社グループが世の中における企業の存在意義として大切にしてきた考え方を示している。以下、「3つの責任」についてそれぞれ紹介する。

図表2　「3つの責任」がすべての活動の根幹

(2)お客様への責任

「お客様への責任」においては、グローバルに「食で健康」をお届けすることをめざしている。2021年からの第七次中期計画では「4系列バリューチェーンの構築による成長実現」「3つのGOT[※1]の具現化」「共創による

新価値創出」の３つを重要テーマとしている。バリューチェーン（以下VC）とは、原材料の生産から調達・加工・製品・サービス、そしてお客様の口に入るまでの一連の価値の連鎖を指しているが、当社グループの強みを発揮し成長機会を見出せる４つの事業領域として設定した。スパイスやカレーを取り扱う「スパイス系VC」、米国豆腐事業の「大豆系VC」、ビタミンや乳酸菌、ウコンなどスパイスの「機能性素材系VC」、辛みのないタマネギ（スマイルボール）を含む新規事業の「付加価値野菜系VC」である。「スパイス系VC」の取り組みの一つとして、BtoB事業の成長に向けて、ハウス食品の国内業務用食品事業をグループ会社のギャバンに承継する簡易吸収分割を実施し、2023年４月にハウスギャバン㈱を設立した。個別ニーズへの対応力・提案力を持ったソリューションカンパニーをめざしている。

※１　グループ横断取組

⑶ 社員とその家族への責任

「社員とその家族への責任」では、ダイバーシティの実現を掲げ、取り組みを進めている。具体的には、一人ひとりの個性を生かすことを基本に、「働きがい変革の実行」と「個性の発揮と融合の支援」を重要テーマとしている。ダイバーシティについては、「属性」「経験」「適性」の３つの切り口で多様性を高めていく。性別や国籍をはじめ、さまざまな属性の人材が集い、国内外で多様な経験を積み、適性という個性的な強みをもつように人材戦略を進めている。そして、多様な社員が成長・活躍できるよう、多様性を受け入れ、チャレンジを促進する組織づくりをめざす。

⑷ 社会への責任

「社会への責任」においては、本業を通じて社会への責任を追及し、「人と地球の健康」の実現をめざしている。社会への責任の重要テーマとして、第七次中期計画では「循環型モデルの構築」と「健康長寿社会の実現」を重要テーマとして設定し、バリューチェーン全体で社会課題の解決に向けた取り組みを進めている。薬種化学原料店としてスタートしたこともあり、

スパイスを中心としたさまざまな自然の恵みを受けた天産物を主原料として企業活動を行っており、原料の由来となる地球環境の保全に取り組んでいくことは当然の責務と考えている。

3 CSR 推進体制

(1) CSR 部門設立の背景

　当社グループにおける CSR 部門の設立から現在の推進体制について述べる。専任部署を設立する以前の 1994 年に環境方針を定め、調達、生産からお客様の手元に届いて廃棄されるまでの一貫した環境活動に取り組んできた。96 年から「はじめてクッキング」教室をスタートし、当社グループらしい食育活動として継続している（図表3）。また、2005 年に施行された食育基本法に基づき、それまで社内各部署で取り組んできた食育活動を見直し、社会の抱える課題へ積極的に取り組み始めた。そのこともあり、「環境」と「CSR 推進」という2つの機能強化を目的に、08 年に「CSR 推進室」を立ち上げるにいたった。

　当時の背景として、2007 年〜 08 年にかけて国内外で食の安全安心に関わる企業不祥事が相次ぎ、製品の安全性、環境への配慮、企業倫理といった視点に加え、情報開示、誠実な顧客対応、従業員の育成、市民活動支援等も企業が自主的に取り組むべき責任として認識されるようになった。従来、企業が重視してきたステークホルダーは株主、金融機関、行政、お客様だったが、近隣住民、取引先、従業員も含めてさまざまなステークホルダーからの要請が高まっていた時期でもある。

図表3　「はじめてクッキング」教室

⑵ CSR として取り組む 5 つの分野

当社グループではすべてのステークホルダーに配慮した企業活動を行う全社的な取り組みが CSR 活動であると位置づけた。CSR として取り組むべき 5 つの分野として「コンプライアンス責任（法令順守、企業倫理）」「従業員の支援」「品質保証への取組み」「環境への配慮」「社会貢献活動の強化」を定め、食品メーカーとして本業の中に CSR 視点を取り組んでいくこと、関連する各部門が連携していくことをめざして推進していた。サスティナビリティと非常に親和性の高い考え方をベースにスタートしていたといえる。

⑶ 「グループ CSR 方針」制定と CSR 部の活動領域

2013 年に「グループ理念」が制定され、グループ理念体系を社員の具体的な日々の業務に移し、企業として社会的責任を果たす上での大切な方針として「グループ CSR 方針」を制定した。「グループ CSR 方針」では、「お客様」「社員とその家族」「社会」の 3 つの視点でステークホルダーに対してどのようにその責任を果たし貢献していくのかを、より具体的に表現している（図表 4）。18 年からは中期計画に「グループ CSR 方針」に示した「3 つの責任」を組み込んでいる。そのなかの「社会への責任」における重点テーマである「循環型モデルの構築」と「健康長寿社会の実現」は、CSR 部が推進機能を担っている。

SDGs の浸透やステークホルダーのサスティナビリティへの関心が高ま

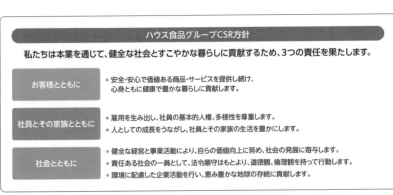

図表 4　ハウス食品グループ CSR 方針

るなか、CSR 部の活動領域や役割も設立当初から大きく変化している。設立以来 15 年の間には、コンプライアンス、リスクマネジメント機能を統合した時期もあったが、現在の CSR 部は、環境活動、社会貢献活動に加え、グループの中期計画の推進や人権等の社会課題に対応する戦略企画機能、実行推進機能、情報開示機能を担っている。部門横断の取り組みや社外との協働など、社内外での共創を通じて重点テーマの実行力を高めている。

④　事業や製品を通じた取り組み

(1) CO₂ 削減

　当社グループでは、自社活動だけでなくバリューチェーン全体、すなわち原料調達、製造、お客様の使用場面まで、幅広い視点で環境配慮の活動を推進している。CO_2 削減においては、Scope の考え方に沿ってバリューチェーン全体での CO_2 排出の実態を数字で「見える化」した。ここでは、Scope 3 に該当する「製品の使用場面」での排出削減取り組みとして、「レトルト製品のレンジパウチ化」を紹介する。2022 年 8 月に家庭用レトルトカレー製品は、一部を除いてレンジパウチへの切り替えを完了した（図表 5）。湯せん調理からレンジ調理に代わることにより、調理時間が短縮され、調理時の CO_2 排出量を約 80％削減することができる。レトルトカレーのレンジ調理の認知と調理経験の増加に向けて、継続してコミュニケーション活動を行っている。

図表5　レトルト食品の電子レンジ対応

(2) 食品ロス削減

　お客様の使用場面において、カレーを通じて家庭の食品ロス削減につながる提案を行っている。2020 年より「カレーでおいしく食品ロス削減」を掲げた「もっとカレーだからできることプロジェクト」をスタートし、

図表6 「もっとカレーだからできることプロジェクト」

図表7 「きゅうりのキーマカレー」

WEBサイトを開設した（図表6）。家庭で余りがちな食材のアンケートを継続して実施し、結果をもとに「食品ロス削減につながるカレーレシピ」を定期的に紹介している。たとえば、アンケートで余りがちな食材1位になった「きゅうり」を使った「きゅうりのキーマカレー」（図表7）など、意外な食材の組み合わせもスパイスがおいしくまとめてくれるレシピになっている。また"消費期限と賞味期限の違い"や"食品ロス対策カレーをつくるときのコツ"も掲載しており、食材を無駄なくおいしく使い切るための情報も紹介している。

(3) 食育活動

　「ハウス食品グループの食育活動は食の楽しさや大切さをお伝えしすべての人が生涯健やかに笑顔で暮らせる社会の実現に貢献します」というめざす姿・想いを掲げている。1996年から「自分で作って食べる」ことを体験し、食への興味を広げてほしいと「はじめてクッキング」教室をスタートし、2023年で28年目になった。幼稚園・保育所・認定こども園で子ど

もたちが初めてのカレー作りにチャレンジし、自分の手で食材に触れて食べ物の大切さを知り、料理をする楽しさや食べる喜びを感じてもらえる活動となっている。毎年約50万人の子どもたちが挑戦し、23年には延べ参加人数が1,000万人に達する見込みである。

⑷ 地産地消

　持続可能な食料供給の課題に対して、食料自給率の低い日本は国をあげて農林水産業の振興に力を注いでいる。2009年よりカレーメニューを通じた地産地消の推進に取り組んでおり、各地の食材を生かした家庭で楽しめるオリジナルレシピを考案し、旬の農産物をたっぷりと摂れるメニューを提案している。農林水産省が21年からスタートした「ニッポンフードシフト」[※2]にも賛同している。とくに、夏のカレーを中心に、地域の生産者や自治体、流通関係の方々と協力し、地元食材の消費拡大による地域活性化を進めている（図表8）。

図表8　広島県の食材を使った地産地消メニュー

※2　食と農のつながりの深化に着目した新たな国民運動（21年7月20日～）。

（5）　おわりに

　ハウス食品グループにおけるCSRは、Corporate Social Responsibilityとしてだけではなく、ハウス流CSRとして「Creating Smiles & Relationships」と位置づけている。笑顔とつながりを大切にしながら、新たな価値創造と持続可能な社会の実現に貢献する企業としての歩みを継続していく。

マルハニチロのサステナビリティ戦略と取り組み

～海といのちの未来をつくる MNV 2024 ～

マルハニチロ株式会社　経営企画部 サステナビリティ推進グループ

1　マルハニチロのサステナビリティへの取り組み

(1) サステナビリティの取り組みを開始した経緯

(前中期経営計画「Innovation toward 2021」と「サステナビリティ中期経営計画」)

　マルハニチログループは、2018年3月にグループ全体のありたい姿を定めた「長期経営ビジョン」と、18年度を初年度とする4カ年の中期経営計画「Innovation toward 2021」を策定した。同時に、持続可能な地球・社会づくりに貢献する事業経営を推進するための経営計画となる「サステナビリティ中長期経営計画」も策定し、中長期的な視点に立った事業経営を推進していく経営方針を打ち出した。それまでも、環境保全への取り組みや CSR 活動は実施していたものの、企業としてのサステナビリティへの取り組みに関して、明確に方針を打ち出したのはこれが初めてとなる。

　「サステナビリティ中期経営計画」は、社会、地球環境のサステナビリティへの関心が世界的に高まるなか、経済・社会・環境面での価値を一体的に創造するための具体的な行動指針として策定したものである。財務指標目標を定めた "経済価値の創造" に加え、"社会価値の創造" として、お客さまへの価値、従業員への価値、取引先への価値、地域・社会への価

値の 10 のマテリアリティ（重点課題）、"環境価値の創造" として、地球温暖化対策、循環型社会の構築、海洋資源の保全という 3 つのマテリアリティを設定し、2021 年度までの 4 カ年のあいだ取り組みを推進した。

(2) マテリアリティの見直し

前中期経営計画期間中、社会や地球環境などのサステナビリティ課題への関心が世界的にますます高まり、事業を取り巻く外部環境も日々変化していった。当社グループは、変化への対応、社内への重点課題の浸透、社内外のステークホルダーの意見を経営に反映していくことを重視して、前中期経営計画で策定したマテリアリティを見直すことが必要であると判断した。2022 年 4 月よりスタートした中期経営計画「海といのちの未来をつくる MNV 2024」に合わせ、以下のプロセスで約 1 年かけてマテリアリティの見直し、特定を実施した。

Step 1　マテリアリティの候補となる評価対象項目の抽出

マテリアリティの候補となる評価対象項目は GRI、ISO26000、SDGs などの各種スタンダード項目、他社のマテリアリティ、日本政府の政策課題などをベースに社会課題を網羅的に 484 項目抽出し、類似項目の整理、当社グループとの関連性を考慮して 43 項目に絞り込んだ。

Step 2　社内外ステークホルダーによる評価、ステークホルダーとのエンゲージメント（対話）、グループ内自社視点評価

43 項目を社外ステークホルダーへアンケートとして送付し、当社グループにとっての重要性とその理由を記載いただき、社内従業員に対しても重要度評価、意見収集を行った。また、社外ステークホルダーの 1 つの機関投資家と当社社長が重視すべきサステナビリティ課題について議論した。

Step 3　経営陣による議論、検討、マテリアリティの特定

ステークホルダー視点による評価と、自社評価視点による評価をマテリアリティ・マトリクスとして表し、経営陣による議論、検討を重ね、社外・社内の両面から重要と評価された環境価値の創造に関する 4 つ、社会価値の創造に関する 5 つ、計 9 つのマテリアリティを特定した。

(3) 特定した9つのマテリアリティとKGI、KPI

（中期経営計画「海といのちの未来をつくるMNV 2024」）

特定した9つのマテリアリティ、KGI（2030年のありたい姿）、KPI（達成目標）は図表1の通りである。2022年4月よりスタートした中期経営計画「海といのちの未来をつくるMNV 2024」において、KGI、KPIの達成に向けた取り組みを推進している。

	マテリアリティ	KGI（2030年のありたい姿）	主なKPI	ターゲット 目標値	ターゲット 目標年	関連する主なSDGs
環境価値の創造	①気候変動問題への対応	脱炭素や気候変動に対して業界における主導的地位を確立している	CO_2排出量削減ロードマップ策定（国内G*）	―	2022	
			CO_2排出量削減率（2017年度比：国内G）	30%以上	2030	
			カーボンニュートラル達成（G全体*）	―	2050	
	②循環型社会実現への貢献	効率的な資源利用によるサーキュラーエコノミー（循環型経済）がグループ内に浸透し、実践している	プラスチック使用量削減率（バイオマス、リサイクル素材等への切替含む）（MN*）	30%以上	2030	
			フードロス（製品廃棄）削減率（国内G）	50%以上	2030	
			食品廃棄物等の再生利用率（国内G）	99%以上	～2024	
	③海洋プラスチック問題への対応	自社を含むサプライチェーン上で海洋へのプラスチック排出ゼロを実現している	漁具管理ガイドラインの策定と運用率（G全体）	100%	2024	
			海岸クリーンアップへの従業員参加率（国内G）	30%以上	2030	
	④生物多様性と生態系の保全	取扱い水産物について、資源枯渇リスクがないことを確認している	取扱水産物の資源状態確認率（G全体）	100%	2030	
			生物多様性リスク評価実施（国内G）	―	2024	
			養殖場の認証レベル管理の実施（国内G）	―	2024	

	マテリアリティ	KGI（2030年のありたい姿）	主なKPI	ターゲット 目標値	ターゲット 目標年	関連する主なSDGs
社会価値の創造	⑤安全・安心な食の提供	人々が安心できる食を世界中の食卓に提供している	重大な品質事故*（国内G）	ゼロ	2024	
	⑥健康価値創造と持続可能性に貢献する食の提供	健康価値創造と持続可能性に貢献する食品トップ企業としてブランドを確立している	健康価値創造と持続可能性に貢献する製品基準確立と2030年度目標の設定（MN）	―	2024	
	⑦多様な人財が安心して活躍できる職場環境の構築	多様性が尊重され、従業員が安心して活躍できる職場環境が構築できている	採用比率女性50%維持による女性従業員比率（MN）	35%以上	2030	
			取締役会女性比率（MN）	30%以上	2030	
			女性管理職比率（MN）	15%以上	2030	
			マルハニチロ人財育成プログラム確立と2030年度目標の設定（MN）	―	2024	
			従業員エンゲージメント評価方法確立と2030年度目標の設定（MN）	―	2024	
	⑧事業活動における人権の尊重	自社含むサプライチェーン上で強制労働等の人権侵害ゼロを実現できている	サプライチェーン上の人権侵害ゼロの確認率（G全体）	100%	2030	
	⑨持続可能なサプライチェーンの構築	サプライヤーとの協働により持続可能な調達網構築を実現できている	サプライヤーガイドラインへの同意率・重要項目改善率（G全体）	100%	2030	

注1：対象組織を呼称で記載。MN＝マルハニチロ㈱、国内G＝国内グループ連結会社、G全体＝グローバル連結会社

注2：重大な品質事故とは、GRIスタンダード416-2および417-2にて示された関連規制および自主的規範違反などを理由とした社告回収等を対象とする。

図表1　特定した9つのマテリアリティ

2 サステナビリティ戦略の推進体制

(1)サステナビリティマネジメント
(サステナビリティ推進委員会の設置と運営)

　当社グループにおける「サステナビリティ推進委員会」は、代表取締役社長が委員長を務め、マルハニチロ㈱取締役を兼務する役付執行役員、関連部署担当役員、関連部署長を委員、社外取締役、監査役をオブザーバーとし、経営企画部サステナビリティ推進グループを事務局として構成されている（図表2）。

　「サステナビリティ推進委員会」では、グループサステナビリティ戦略全般の企画立案や、目標設定、およびグループ各社の活動を評価しており、中期経営計画のサステナビリティ戦略の企画立案、マテリアリティの見直しのプロセスにおいては、委員だけでなく、オブザーバーからも多くの質疑、意見が出され、積極的な討議が行われた。2021年度までは年2回の開催だったが、22年度より開催頻度を年4回とし、四半期ごとに各マテリアリティの進捗管理を行う体制としている。

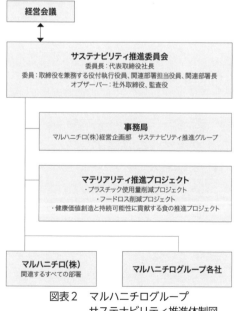

図表2　マルハニチログループ
サステナビリティ推進体制図

⑵ グループ内のサステナビリティの取り組み推進体制

　9つのマテリアリティそれぞれにグループ内で推進体制を整え、四半期ごとのサステナビリティ推進委員会で進捗を確認するとともに、WEB サイト・統合報告書にて社外ステークホルダーに進捗状況を報告している。とくに、マテリアリティ"循環型社会実現への貢献"のプラスチック使用量削減、フードロス削減およびマテリアリティ"健康価値創造と持続可能性に貢献する食の提供"においては、部署横断的な取り組みが必要不可欠との考えから、各事業ユニットおよび関連部署が参加するプロジェクトを立ち上げ、プロジェクトオーナーを管掌役員、プロジェクトリーダーを関連部署長として、取り組みを推進している。

3　サステナビリティ戦略の推進〜海といのちの未来をつくる MNV 2024 〜

⑴ マルハニチロの特徴的なマテリアリティと具体的な取り組み

　9つのマテリアリティは社外・社内の両面から重要と評価されて特定したものだが、他の企業でも同様に重要と評価されマテリアリティとなっているものも少なくない。一方で、"海洋プラスチック問題への対応"は他社ではあまり見られない、当社に特徴的なマテリアリティである。また、世界中のかけがえのない自然の恵みとその生命力に支えられてきた当社グループにとって、"生物多様性と生態系の保全""持続可能なサプライチェーンの構築"は他の企業と比較しても依存度が高く、とくに重要な項目であると考えている。

① 海洋プラスチック問題への対応

マテリアリティ"海洋プラスチック問題への対応"に関する取り組みは、
・海洋プラスチックを流出させないこと
・海洋プラスチックを回収すること
という大きく2つに分けることができる。

　「海洋プラスチックを流出させないこと」の具体的な取り組みとして、海面養殖で使用するブイ強度の強化があげられる。日本の海面養殖で使用されるブイの多くは発泡スチロール素材（プラスチック）だが、発泡スチ

ロールは自然環境下における耐性が弱く、経年劣化によりプラスチックが海洋へ流出するリスクが考えられるため、当社グループの大洋エーアンドエフ㈱ではより強度の強い HDPE（高密度ポリエチレン）素材のブイへの切り替えを進めている。このように養殖事業や漁業事業にて、海洋プラスチックを流出させないよう漁具のガイドラインを定め、グループ全体での運用することを計画している。

　「海洋プラスチックを回収すること」においては、クリーンアップ活動を"Make Sea Happy！"と命名し、活動を推進している（図表3）。"Make Sea Happy！"は、「海洋プラスチック問題に対応するクリーンアップ活動」と定義づけており、拾ったごみをそのまま捨てずに、集計して記録を残すことが大きな特徴となっている。記録はデータとして、海外の NGO 団体「Ocean Conservancy」に提供され、世界各地で実施されているクリーンアップ活動のデータと一緒に、ごみ調査データとして活用されている。

図表3　クリーンアップ活動
グループ会社のヤヨイサンフーズ気仙沼工場で実施。

②生物多様性と生態系の保全

　世界中の水産資源をはじめとする多種多様な生物の恵みを受けながら事業活動を営む当社グループにとって、生物多様性と生態系の保全は重要な課題である。持続的に当社グループが事業活動を行っていくため、国際的な資源管理の推進、環境に配慮した養殖事業の実践など事業に即した活動を推進していく必要がある。

　天然水産資源の管理については、自社で取り扱っている天然水産物の資源状態を把握することが必要不可欠と考え、2019 年より水産資源調査をスタートさせた。21 年9月に公表した第1回水産資源調査（マルハニチログ

ループ 2019 年取扱水産物）において、当社グループ全体の水産物の取扱いは原魚換算で約 176 万 t となった。これは、18 年世界の漁業・養殖水産物生産量の約 0.8％相当になることがわかった。うち約 141 万 t が天然水産物で、その資源状態評価結果では、持続可能な漁業認証取得水産物は約 82 万 t となり、天然水産物全体の過半数（59％）を占めることが判明した。これらを当社グループの強みであると認識するとともに、継続的に水産資源調査を実施し、持続可能な漁業認証取得水産物の取扱いを推進していくこと、資源状態が不明な水産物を減少させていくことを継続的な課題としている（図表 4）。

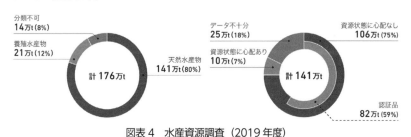

分類不可
14万t(8%)
養殖水産物
21万t(12%)
計176万t
天然水産物
141万t(80%)

データ不十分
25万t(18%)
資源状態に心配なし
106万t(75%)
資源状態に心配あり
10万t(7%)
計141万t
認証品
82万t(59%)

図表 4　水産資源調査（2019 年度）

　また、環境に配慮した養殖事業の実践においては、持続可能な養殖認証レベルの管理の実践を 2024 年度までの達成目標 KPI にあげている。当社が取り扱っている養殖魚には ASC 認証など持続可能な養殖認証の規格が設定されていない魚種がある。したがって、認証規格の要求事項、水準と当該養殖場のギャップを調査し、不足している箇所は養殖認証レベルに引き上げる取り組みを進めている。

③持続可能なサプライチェーンの構築

　当社グループは、世界中の水産物、農畜産物等自然の恵みを原材料として利用しながら、事業活動を営んでいる。持続的に事業活動を行っていくためには、強制労働・児童労働の禁止といった人権、労働慣行への配慮といった社会的責任、地球温暖化等の環境に配慮した持続可能なサプライチェーンの構築が必要不可欠である。

　当社グループはサプライチェーンにおける人権侵害リスクを確認することを目的として、一部の取引先に対し人権・労働慣行調査を実施している。

調査の結果、人権・労働慣行に関する方針・基準の未策定、移住労働者の雇用に関しての理解不足、会社と従業員コミュニケーションを図るための労働組合やそれに準ずる組織がないといった人権侵害リスクの存在を認識したが、これらのリスクを低減し、持続可能なサプライチェーンを構築するためには、当社グループのすべてのサプライチェーンに展開し、継続的に調査し、改善活動を進めていくことが重要と考えている。

　現在マルハニチロでは、サプライチェーンマネジメントのシステム導入を進めており、これによりサプライヤー調査や人権・労働慣行調査を定期的かつ効率的に実施することが可能になる。今後も持続可能なサプライチェーンを構築するため、定期的な同調査の実施を通じて、人権・労働慣行の実態、サプライチェーン上の環境保全の取り組みを把握し、改善活動を当社グループのサプライチェーン全体に拡大していく。

⑵ サステナビリティ戦略の持続的推進

　現在の中期経営計画「海といのちの未来をつくる MNV 2024」は 2024年度までの計画だが、9つのマテリアリティにおける KGI は、"2030 年にありたい姿"として設定している。今後私たちマルハニチログループは、それぞれのマテリアリティにおける「環境価値」「社会価値」の実現を目指し、KGI の達成に向けて継続的に取り組みを進めていく。

サステナビリティ先進企業を目指して

明治ホールディングス株式会社　代表取締役社長 CEO 川村 和夫

　明治グループは、2026年で創業110周年を迎える。創業以来培ってきた明治グループの企業価値をさらに発展させていくために、「明治グループのNEXT100にむけて 世界の人々が笑顔で健康な毎日を過ごせる未来社会をデザインする」というサステナビリティ活動のミッションを掲げ、これから先の100年を見据えた企業基盤を再構築していかなければならないと考えている。

　今、社会は大きなターニングポイントを迎えており、企業は事業規模の拡大だけではなく、事業活動を通じて社会課題を解決して持続可能な社会の実現に貢献することが求められている。改めて社会に対する自社の事業活動の意義や役割を見つめ直し、社会課題の解決を発想の起点とした明治グループらしい事業活動を強化することで持続的な成長を図っていく。

1　明治グループのサステナビリティの考え方

　はじめに明治グループのサステナビリティの考え方について説明する。

　明治グループは、食と健康のプロフェッショナルとして事業を通じて社会課題の解決に貢献し、人々が健康で安心して暮らせる「持続可能な社会の実現」をめざす。2018年に策定した「明治グループサステナビリティ

2026 ビジョン」では、「こころとからだの健康に貢献」「環境との調和」「豊かな社会づくり」の 3 つの活動テーマと、共通テーマである「持続可能な調達活動」を掲げ、それぞれマテリアリティおよび KPI を設定して取り組みを進めている。具体的な活動ドメインについては図表 1 に示す通りであり、このフレームワークに基づいてサステナビリティを推進し、社会課題の解決に貢献していく。

多岐にわたるサステナビリティ活動は、主に明治グループらしい独自性を発揮できる活動と企業基盤を支える活動とに分類できる。前者は"こころとからだの健康に貢献"に向けた取り組みが中心になると考えている。日本は人口減少や少子高齢化といった社会課題に直面しており、とくに、健康寿命の延伸が重要な課題となっている。明治グループが展開する食品と医薬品の事業活動を通じて、これらの社会課題の解決に貢献すると同時に経済価値も向上させるというトレード・オンをめざしている。

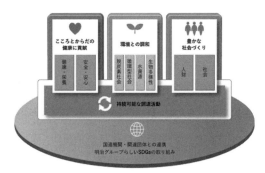

図表1　明治グループサステナビリティ 2026 ビジョン

2　サステナビリティの推進体制

明治ホールディングス㈱代表取締役社長 CEO を委員長とする「グループサステナビリティ委員会」を設置し、年 2 回開催している。本委員会は、「明治グループサステナビリティ 2026 ビジョン」における KPI 達成に向けた活動の進捗確認や新たな社会課題に対する活動方針の審議などに加え、各事業会社の活動成果を共有し、取締役会には年 2 回報告している。また、明治ホールディングス㈱と各事業会社のサステナビリティ担当部署からなるグループサステナビリティ事務局会議を毎月開催。加えて、事務局会議の下位の会議体として「グループ環境会議」「グループ人権会議」「グルー

プ TCFD 会議」などを設置し、具体的な取り組みを検討する体制も整えており、たとえば、TCFD に沿ったシナリオ分析や人権デュー・ディリジェンスなどの取り組みを実施している。また、グループ全体のサステナビリティ活動をいっそう加速させるために 2019 年 10 月に明治ホールディングス㈱傘下に「サステナビリティ推進部」を設置した。さらに、20 年 6 月からはサステナビリティの最高責任者として CSO（Chief Sustainability Officer）を置き、CSO のもとでグループ全体のサステナビリティ活動を統括し、事業活動とサステナビリティ活動の融合を進めている。

　2021 年度からは、それまで年 1 回実施していた社外有識者とのダイアログを進化させ、年 2 回開催の「ESG アドバイザリーボード」を新設した。社外有識者から明治グループの取り組みに対するアドバイスをいただくとともに、サステナビリティに関する重要テーマについて CEO、CSO をはじめとする社内メンバーと議論し、新たな切り口での取り組みにつなげている。22 年 4 月には、サステナビリティの推進体制の効率化と専門性の向上、従来以上のスピード感をもった実行力強化のため、グループで分散していたサステナビリティ推進機能を明治ホールディングス㈱のサステナビリティ推進部に統合した（図表 2）。

図表 2
サステナビリティ推進体制

3 　事業成長とサステナビリティの同時実現

　2021 年から食品と医薬品を事業領域とする meiji らしい個性を強化していくために、新たに「健康にアイデアを」というスローガンを掲げた。食べて栄養を摂ることで健康を増進する、病気を予防するためにワクチンを接種する、もし病気になったときは薬を服用する——スローガンには、すべての人が健やかに暮らすための"健康価値"を創出する企業グループとして、さまざまな社会課題の解決に貢献したいという思いを込めている。

　このスローガンを実践していくために、2021 年度からスタートした「2023 中期経営計画では、「明治 ROESG®※1」を最上位の経営目標に掲げている。これは、グループが創出する価値を、ROE（経済価値）と ESG（社会価値）の両面から評価し、サステナビリティ経営をより深化させていくことを狙いとしている。明治グループが提供する健康価値は、高齢化や栄養不良の二重負荷、感染症対策といった社会課題の解決に不可欠なものであることから、サステナビリティ活動を積極的に ROE の向上にもつなげていきたいと考えている。

　具体的には、ESG 指標として外部評価機関を 5 つ選び、KPI を設定し、その目標達成度を数値化したものと事業成長である ROE の数値をかけ合わせる。加えて、明治が重要視する社会課題を 6 項目設定し、それらが達成できればボーナスポイントが加点される設計となっている。ROE と ESG 評価、さらに明治らしいサステナビリティの取り組みによる加点という三層構造で目標を作っている。ROE 向上と ESG 強化は短期的には相矛盾する取り組みのように見えるが、この二つを日々の経営判断の中で折り合いをつけ、両立できる経営に転換したい。「明治 ROESG®」はそれを意識づけるための手段であると考えている（図表 3）。

※ 1「ROESG」は一橋大学教授・伊藤邦雄氏が開発した経営指標で、同氏の商標である。

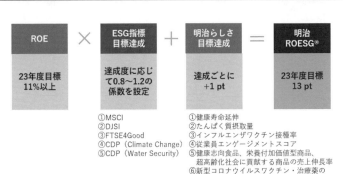

ROE向上とESG強化を矛盾させることなく、ともに実現する経営への転換を目指す

ROE	×	ESG指標目標達成	+	明治らしさ目標達成	=	明治ROESG®
23年度目標11%以上		達成度に応じて0.8〜1.2の係数を設定		達成ごとに+1 pt		23年度目標13 pt

①MSCI
②DJSI
③FTSE4Good
④CDP（Climate Change）
⑤CDP（Water Security）

①健康寿命延伸
②たんぱく質摂取量
③インフルエンザワクチン接種率
④従業員エンゲージメントスコア
⑤健康志向食品、栄養付加価値型商品、超高齢化社会に貢献する商品の売上伸長率
⑥新型コロナウイルスワクチン・治療薬の開発成功と供給

図表3　明治 ROESG®

（4）　**サステナビリティと事業との融合**

　近年、企業は「公正かつ自由な競争ならびに適正な取引、責任ある調達を行う」ことが国際的に求められている。そのためには、自社のみならず取引先を含むサプライチェーン全体で社会的責任を果たし、児童労働や強制労働、環境破壊などの社会課題の解決に取り組む必要がある。

　また、人々が健康で安心して暮らせる「持続可能な社会の実現」をめざして明治グループは、食と健康のプロフェッショナルとして事業を通じた社会課題の解決に取り組んでいる。

① メイジ・カカオ・サポート

　「メイジ・カカオ・サポート」は、2006 年から始めた明治独自の「カカオ農家支援活動」である。カカオ産地に直接足を運び、現地の農家のさまざまな課題に合わせた支援を行っている（図表4）。

　明治グループは、農家支援を実施した地域で生産されたカカオ豆を「サ

図表4　メイジ・カカオ・サポート
安全な飲料水を確保するための井戸造りを支援。

ステナブルカカオ豆」と位置づけ、2026年度までにその調達比率100％を
めざしている。こうした活動を通じて、森林減少や児童労働、栽培技術の
周知不足など、カカオ生産地や農家が抱える課題を解決し、持続可能なカ
カオ生産の実現に貢献していく。

②メイジ・デイリー・アドバイザリー

「メイジ・デイリー・アドバイザリー」は、酪農現場の人材マネジメン
トに焦点を当てた「酪農経営支援活動」である。たとえば、明治グループ
の専門チームが"農場のあるべき姿（理念・目標）"を経営者と一緒に考え
る。そして、"目標達成には何が必要か""どう達成するか"などを農場スタッ
フが議論する、気づきの場をサポートする。

主役はあくまでもそれぞ
れの農場。持続可能な酪農
経営に向けて、今を見つめ
直し、必要な改善を行うこ
とを習慣化するという「カ
イゼン文化」が自然に定着
し、自走できる仕組みをめ
ざしていく。今後は、酪農
における人権課題、アニ
マルウェルフェアの向上、
GHG排出量削減についても
取り組んでいく（図表5）。

図表5　メイジ・デイリー・アドバイザリー
酪農現場での支援活動。

③新型コロナウイルス感染症に対する取り組み

グループ会社のKMバイオロジクス㈱は、長年のワクチン開発を通じて
培ってきた知見を活かし、国立感染症研究所など[※2]と協業して2020年5
月から新型コロナウイルス感染症（COVID-19）に対する不活化ワクチン[※3]
（KD-414）の開発に取り組んでいる。また、21年10月からはMeiji Seikaファ
ルマ㈱と協働して両社で必要な臨床試験を実施している。

KMバイオロジクス㈱では、COVID-19と同様にパンデミックを起こす可
能性がある新型インフルエンザウイルスに対するプロトタイプワクチン[※4]

180

の製造販売承認をすでに取得しており、新型インフルエンザ発生時には、迅速にワクチンを製造・供給できる体制を整備している。国産ワクチンを一日でも早く国内で供給できるよう開発を加速し、人々が安心して暮らせる社会の実現に努めていく。

こうしたさまざまな取り組みを推進していく上で、サステナビリティが経営の基軸であり、これからは事業成長戦略のドライバーになることを社内に浸透させなければならない。そのために、明治グループの従業員一人ひとりがサステナビリティに対するリテラシーを高め、自分ゴトとしてとらえて、日々の業務の中に組み込むことが重要であると考えている。

明治グループのサステナビリティのさらなる進化に向けては、まだまだ成すべきことが多々あるが、経営と事業のイノベーション活動全体に、サステナビリティの視点を組み込み、将来世代を含めた幅広いステークホルダーに対して価値を創出するための変革活動であるSX（サステナビリティ・トランスフォーメーション）を推進することで、日本におけるサステナビリティ先進企業になることをめざしている。

そして、明治グループが一丸となって、すべてのステークホルダーと連携しながら、世界の人々が笑顔で健康な毎日を過ごせる未来社会の実現に向けて取り組んでいる。

※2 国立感染症研究所、東京大学医科学研究所および医薬基盤・健康・栄養研究所。
※3 大量に培養されたウイルスや細菌からウイルス粒子や細菌の菌体を集めて精製した後、薬剤等を用いて処理をし、感染力や毒力をなくした病原体やその成分で作ったワクチン。
※4 模擬ワクチン。パンデミック時に必要に応じて製造株を変更することを前提として、パンデミック発生前にワクチン製造のモデルとなるウイルスを用いて、製造・開発されるワクチン。

第2章　食品産業界の実践

森永乳業グループの
サステナビリティ経営

森永乳業株式会社　サステナビリティ本部
稲見サステナビリティ推進部長

1　森永乳業グループにとってのサステナビリティ

　森永乳業グループは経営理念として、「乳で培った技術を活かし、私たちならではの商品をお届けすることで、健康で幸せな生活に貢献し豊かな社会をつくる」を掲げている。また、コーポレートスローガンとして「かがやく"笑顔"のために」を掲げている。これらには、おいしさと健康の両面で、すべてのお客さまを笑顔にするという、私たちの決意が込められている。

　この経営理念を実現するため、2019年に「10年後のありたい姿」として「森永乳業グループ 10年ビジョン」を策定し、その一つに「サステナブルな社会の実現に貢献し続ける企業へ」を掲げた（図表1）。

　近年、世界的な気候変動の深刻化をはじめとするさまざまな社会課題・環境課題は複合的に起こってきており、影響度や緊迫度が年々高まっている。企業としては、これらさまざまな課題にしっかりと向き合っていく「サステナビリティ経営」がとても重要になっている。そういった意味から、2022年度から30年度までの計画として、「サステナビリティ中長期計画2030」を策定した。

コーポレートスローガン
かがやく"笑顔"のために

経営理念
**乳で培った技術を活かし
私たちならではの商品をお届けすることで
健康で幸せな生活に貢献し豊かな社会をつくる**

森永乳業グループ10年ビジョン

Vision 1 「食のおいしさ・楽しさ」と「健康・栄養」を両立した企業へ

Vision 2 世界で独自の存在感を発揮できるグローバル企業へ

Vision 3 サステナブルな社会の実現に貢献し続ける企業へ

図表1
・コーポレートスローガン
・経営理念
・森永乳業グループ
　10年ビジョン

2　サステナビリティ中長期計画2030

　「サステナビリティ中長期計画2030」では、コーポレートスローガンである「かがやく"笑顔"のために」の実現に向けて、サステナビリティ視点での目指す姿を現したサステナビリティビジョンを新たに策定している（図表2）。

　『森永乳業グループは、「おいしいと健康」をお届けすることにより、豊かな"日常・社会・環境"に貢献し、すべての人のかがやく"笑顔"を創造し続けます』

図表2　サステナビリティビジョン

　サステナビリティビジョンは、事業を通して社会課題・環境課題を解決し、お客さまの日常に笑顔をもたらしたい、豊かな社会・環境に貢献したい、という想いを込めて掲げたものである。そして、このサステナビリティビジョンを達成するため、森永乳業グループとして取り組んでいく「重点取組課題」として7つのマテリアリティを定めた。7つのマテリアリティは、健康への貢献、食の安全・安心、気候変動の緩和と適応、環境配慮と資源循環、持続可能な原材料調達、人権と多様性の尊重、地域コミュニティとの共生とし、それぞれに2030年までの目標・KPIを設定し取り組んでいる。また、この7つのマテリアリティを「食と健康」「資源と環境」「人と社会」

の３つのマテリアリティテーマごとにまとめて、2030年までの目指す姿を設定した（図表３）。

食と健康	：森永乳業グループならではの、かつ、高品質な価値をお届けすることで、３億人の健康に貢献します
資源と環境	：サプライチェーンパートナーとともに永続的に発展するために、サステナブルな地球環境に貢献します
人と社会	：全てのステークホルダーの人権と多様性を尊重し、サステナブルな社会づくりに貢献します

図表３　３つのマテリアリティテーマ

　「食と健康」は、私たちがもっとも大切なものと考えており、事業と直結したテーマである。この「食と健康」の取り組みを通じて、森永乳業グループならではの「おいしいと健康」の価値を提供し、それを通じてかがやく"笑顔"あふれる社会を実現していきたいというものである。そして、それを実現するためには、土台である「資源と環境」「人と社会」にしっかりと向き合っていかなければならないと考えている。私たちの事業・商品の基となっている乳をはじめとする原材料は、地球資源の恵みの上で成り立っている。地球環境への負荷を最小化し、その持続可能性に貢献していくことは環境課題のみならず事業の継続において、とても重要である。また、原材料サプライヤーをはじめとしたサプライチェーン上のすべての人びとと、工場や事業所が立地する地域社会のすべての人びとが笑顔でいられることも、とても大切になってくる。こういった土台となる「資源と環境」「人と社会」にしっかりと向き合うことで、「食と健康」の取り組みを進め、最終的にお客さまのかがやく"笑顔"につなげていきたい（図表４）。

図表４　サステナビリティ理念体系図

3 「食と健康（健康への貢献）」に関する取り組み

　「食と健康（健康への貢献）」では、「健康課題に配慮した商品の売上を1.7倍に拡大すること」を目標・KPIとして掲げており、森永乳業グループの健康価値を強化した商品やサービスの提供を取り組みの軸としている。健康課題に配慮した商品とは、育児用粉乳などの基礎栄養に資する商品群、たんぱく強化や低糖・低脂肪など栄養改善に資する商品群、生活習慣対策や便通改善、記憶対策などの機能性軸の商品群と定義としており、それを表現した健康強化マップ内の健康5領域の商品の売上げを拡大していく（図表5）。

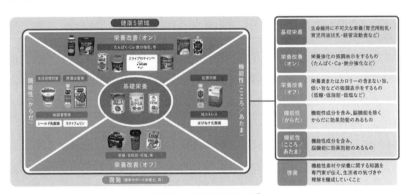

図表5　健康強化マップ

　また、商品だけでなく、全国各地域・企業組織などで健康増進セミナーを事業展開する「健幸サポート栄養士」の活動や、「小学生向けの出前授業」、約50年の歴史で相談件数が100万件を超えた無料育児電話相談「エンゼル110番」など、森永乳業グループが推進する健康増進・食育活動への参加者数を増やしていくこともKPIの一つとしている。この2つのKPIを達成することが「食と健康」のめざす姿で示した3億人の健康に貢献することにつながる。つまり、健康5領域で示している健康価値に資する商品や素材を継続的に飲食していただくことや、健康増進・食育活動に参加していただくことで、生活者の健康に貢献したいと考えている。その年間貢献人数は現状2,400万人程と算定しているが、2030年度には約5,000万

人に拡大させたいと考えており、その1年ずつの人数を積み上げていった延べ人数が3億人という数値になる。また、その土台である研究成果に対する取り組みについても強化していく。

「健康への貢献」は森永乳業グループの提供したい価値につながるもっとも重要なマテリアリティとなるので、事業との連動を意識し、目標数値は事業目標と一致させたものとしている。それらの行動の進捗を追いかけるだけでなく、その行動の結果がお客さまに届いているかどうか、森永乳業グループの健康貢献イメージが向上したかどうかという点についても確認し、PDCAを回しながら取り組みを加速させていきたいと考えている。

④ 酪農における「GHG削減」の取り組み

乳製品を主に取り扱う森永乳業グループにとって、酪農の持続可能性は非常に重要な課題である。人手不足やメタンガスの排出など酪農家が抱えるさまざまな課題への対策として、ふん尿処理システム「MO-ラグーン for Dairy」を開発した（図表6）。

「MO-ラグーン for Dairy」は、ふん尿処理で排出されるメタンを最大30％削減（那須岳麓農場において）するとともに、ふん尿処理に関する労働負荷軽減に大きく役立つものと考えている。酪農経営者の約3割が悩む慢性的なふん尿処理問題への対策として、将来的にはシステムそのものの販売をめざしている。

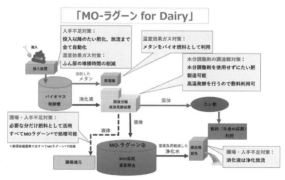

図表6　MO‐ラグーン for Daily

5　サステナビリティ経営推進に向けた取り組み

　サステナビリティ経営推進に向けて、大きく次の5つの取り組みを進めている。

　1つ目は、組織改正である。2021年6月に当時のコーポレート本部から独立する形で社長直轄のサステナビリティ本部を新たに設置した。また、当時CSR推進部であった部門名称をサステナビリティ推進部に変更し、社内外にサステナビリティ経営にシフトしていくことを表明した。

　2つ目は、先述した「サステナビリティ中長期計画2030」の策定である。2021年7月に各本部から人選した部門横断のプロジェクトチーム「SXチーム（サステナビリティトランスフォーメーションチーム）」を立ち上げ、22年度から進める「サステナビリティ中長期計画2030」の策定をミッションとして取り組んだ。策定にあたっては、経営会議や取締役会、サステナビリティ委員会など経営陣との討議を繰り返し実施し、合議を経て策定している。

　3つ目は、「サステナビリティ中長期計画2030」を強力に推進するための全社推進体制を整備したことである。まずは、社長をトップとするサステナビリティ委員会、その傘下に部門横断的な実務者間の検討の場である事務局会議を設置した。また、主要なサステナビリティ課題である、気候変動対策、プラスチック対策、人権対策については、サステナビリティ委員会の傘下にテーマ別の専門部会を立ち上げ、取り組みを加速している。

　4つ目は、「事業所サステナビリティ活動」の推進である。サステナビリティ中長期計画2030を中心とした全社的な活動を進めていく一方で、全国事業所においても業務と連動した現場独自のサステナビリティ活動を推進し全社活動へとつなげていく、つまり、全社活動と現場活動の両方でサステナビリティ活動を推進することで、スピードをあげてサステナビリティ経営の実現を図る。

　具体的には、2021年8月に全国の事業所80組織に100人以上のサステナビリティ推進リーダーを新たに設置し、推進リーダー同士の対話の場であるサステナビリティフォーラムや、マインド醸成を目的としたワーク

ショップを定期的に開催するなど、現場レベルでのサステナビリティ活動の活性化に向けた取り組みを進めている。また、森永乳業グループには優れた取り組みを表彰する「Morinaga Milk Awards」という社内表彰制度がある。ここに、21年「サステナビリティ大賞」を新設し、優れたサステナビリティ活動を表彰するようにした。日常の業務とサステナビリティ活動を結びつけることにより、全社員におけるサステナビリティ活動の自分ごと化をめざしている。また、マテリアリティの一つである「地域コミュニティとの共生」として、複数の自治体との地域連携協定の締結を進めている。これらの自治体との連携を起点とし、地域コミュニケーション、そしてビジネスとの連携をめざしている（図表7）。

図表7　サステナビリティ経営推進体制図

最後の5つ目は、「社内外に向けた積極的な情報発信」になる。環境に対する取り組み、地域活動、出前授業などの食育に関する取り組みは、これまで外部に対してあまり情報発信をしていなかった。これら情報を企業ウェブサイトに継続的に掲載したり、ニュースリリースという形でメディア向けに配信したりするなど積極的に外部公開している。2022年度は前年のほぼ2倍の情報発信を行い、その結果、メディアに紹介されることが増えている。また、22年7月には森永乳業グループとして初めてのメディア、投資家向けのESG説明会である「サステナビリティ中長期計画2030説明会（オンライン）」を開催し、大貫社長自らがメディアや投資家にサステナビリティに関する方針を説明した。これを社内にも動画として発信し、社長の強いメッセージとして伝えることができた。このように社外に対しての情報発信と同時に社内にも掲示板システムなどにて情報発信することで、日頃目立ちにくいサステナビリティ活動が社内外に注目されることになり、社員のモチベーションアップ、サステナビリティ活動の自分ごと化の一助につながっている。

6 今後の展開・展望

　「サステナビリティ中長期計画2030」の取り組みを開始して１年が経っ
たが、まだスタート段階といえる。これから、2030年までの道のりがある。
「サステナビリティ中長期計画2030」を実現するには、特定部門のメンバー
だけでなく、森永乳業グループの社員一人ひとりが自分ごととして意識高
く取り組むこと、また、部門の垣根を越えて連携し、目標達成に向かうこ
とが大切である。そのためにもサステナビリティ課題の解決に向けたさま
ざまなテーマへ積極的にチャレンジしていく企業文化を醸成していきたい
と考えている。

　サステナビリティの分野は変化のスピードが非常に速い分野といえる。
生物多様性に関する取り組みや人的資本を含む非財務情報に関する情報開
示ルールの要請など、経営に直結する環境課題・社会課題への対応が企業
には求められている。これら外部環境の変化を的確にとらえ経営課題とリ
ンクさせていくことにより、中期経営計画2022-24のテーマでもある「社
会課題の解決と収益力向上の両立」を果たし、皆さまに「選び続けられる
企業」でありたいと考えている。

「人も地球も健康に」の実現を目指して

～ヤクルトの長期ビジョンと環境・社会課題への取り組み～

株式会社ヤクルト本社

1 創始者 代田 稔から受け継がれてきた想い

　2023年で創業88周年を迎える当社の事業は、創始者 代田 稔が「感染症で苦しむ人々を助けたい」という想いから、生きて腸にとどいて有用なはたらきをする「乳酸菌 シロタ株」を見出し、誰もが飲みやすいかたちにして世に送り出したところから始まった。病気にかかってから治療するのではなく、病気にかからないようにする「予防医学」。ヒトが栄養素を摂る場所である腸を丈夫にすることが、健康で長生きすることにつながるという「健腸長寿」。さらに、腸を守る「乳酸菌 シロタ株」を一人でも多くの人に飲んでもらうための「誰もが手に入れられる価格で」。「代田イズム」と呼ばれるこれら3つの考えは、「私たちは、生命科学の追究を基盤として、世界の人々の健康で楽しい生活づくりに貢献します。」という企業理念とともに、現代の私たちに脈々と受け継がれている。創業当時からある、すでに大きな社会課題であった人々の「健康」に貢献したいという想い。これが当社の事業の根底にある。そして、日本から始まったこの考え方は世界に広がり、現在では日本を含む40の国と地域で、1日当たり4,000万本以上の乳製品を愛飲いただくまでになった。

　2006年にはコーポレートスローガン「人も地球も健康に」を制定した。

これは、人が健康で楽しく生活するために、そして当社が持続的に事業を行っていくためには、人を取り巻くすべてのもの、水・土壌・大気・動植物等の「地球の健康」が不可欠であるという考えが込められている。ライフサイエンスを通じて人の健康に貢献し、事業活動全体を通じて地球の健康に配慮するという基本的な考え方のもと、環境課題や社会課題に向き合っている。

②　長期ビジョンに込めた決意

　当社は、2021年に長期ビジョン「Yakult Group Global Vision 2030」を策定し、2030年までにめざす姿として「世界の人々の健康に貢献し続けるヘルスケアカンパニーへの進化」を掲げた（図表1）。同ビジョンの定性目標として、「世界の一人でも多くの人々に健康をお届けする」「一人ひとりに合わせた『新しい価値』をお客さまへ提供する」「人と地球の共生社会を実現する」の3つを定めている。社会情勢は常に変化を続けており、同様に、「健康」に対する価値観も時代とともに変わってきている。これらの変化に対応しながら、創業以来の想いをさらに追求・発展させていく決意を、長期ビジョンの「目指す姿」に込めている。私たちヤクルトグ

Yakult Group Global Vision 2030

当社は、ヤクルトグループとしての成長を維持し変化に対応していくための道しるべとして、長期ビジョン「Yakult Group Global Vision 2030」を策定しました。
　2021年度から2030年度までの10年間は、事業活動を通じて、社会の課題解決に取り組むことで、これまで以上にお客さまの期待に応え、企業理念の実現による企業価値向上を図り、持続的な成長を目指していきます。

■ 目指す姿　　世界の人々の健康に貢献し続けるヘルスケアカンパニーへの進化

■ 定性目標　　● 世界の一人でも多くの人々に健康をお届けする
　　　　　　　　● 一人ひとりに合わせた「新しい価値」をお客さまへ提供する
　　　　　　　　● 人と地球の共生社会を実現する

■ 定量目標（2030年度）[※1]

	目　標
グローバル乳本数[※2]	5,250万本／日（国内1,050万本／日、海外4,200万本／日）
連結売上高	5,500億円
連結営業利益	800億円（営業利益率14.5%）

※1　2021年6月策定
※2　乳製品売上本数（1日当たり本数）

図表1　Yakult Group Global Vision 2030

ループのめざすところは、昔も今も、そしてこれからも、「世界の人々の健康への貢献」、そして「地球の健康への貢献」である。

3 ヤクルトの事業で、地球と社会の持続可能性に取り組む

　当社グループは、2012 年度に CSR 基本方針を策定し、さまざまな取り組みを推進してきた。

　企業が持続的に事業を営んでいくためには、事業の基盤となる環境や社会も持続可能なものでなくてはならない。当社グループの事業の使命は、ライフサイエンスを追究して社会課題である「健康」や「楽しい生活づくり」に貢献することであり、それがヤクルトの存在意義だ。この事業を持続させ、人々の健康に貢献し続けるために、社会や環境の諸課題に取り組んでいく必要があると考えている。

　近年、拡大する経済活動に伴い深刻化する環境問題や社会問題について、企業にもより具体的な行動が求められるようになってきている。

　一方で、経営資源は限られており、効率的に課題解決に取り組むためには優先順位をつけることが必要である。そこで、2020 年度には、さらに積極的に環境や社会の課題に取り組むべく、サステナビリティを高めるための６つのマテリアリティとして、環境面では「気候変動」「プラスチック容器包装」「水」、社会面では「イノベーション」「地域社会との共生」「サプライチェーンマネジメント」を特定した。さらに、環境面の３つのマテリアリティを中心に、「ヤクルトグループ環境ビジョン」を同年度に策定した。

　世界に広がり、多くの国・地域で事業を展開している当社グループだが、それは同時に、地球環境に大きな影響を与えているということでもある。事業活動を継続している以上、環境や社会の諸課題に対して具体的な取り組みを継続することは、企業が負う当然の責任であるとともに、事業と不可分のものであるとの認識のもと、取り組んでいきたいと考えている。

④　サステナビリティを推進するための組織体制

　当社では、環境課題に対応していくための部署として、1991年度に初めて「環境対策室」が設置された。その後、何度かの組織改変を経て、現在は「CSR推進室」として、当社グループにおけるサステナビリティ全般についての取り組みを推進している。

　さらに、「ヤクルトグループ環境ビジョン」の実現に向けた中期的マイルストーン「環境目標2030」、および短期的マイルストーンの「環境アクション（2021-2024）」を推進するための部署として、2022年度には「環境対応推進室」が新設された。当部署を中心に、グループ内での環境に対する取り組みの強化や、グループの枠を超えた他社との協力関係の構築、関係省庁・自治体との連携などを図っている。

　また、経営サポート本部長（取締役専務執行役員）を委員長とし、社内関連部署の役員で構成された「CSR推進委員会」では、当社グループの社会的責任および持続可能性という観点におけるさまざまな経営課題を審議している。主に環境や社会課題の解決に向けた方針や行動計画を中心に議論し、解決に向けた取り組みを推進している。

⑤　環境課題への取り組み

　ヤクルトのマテリアリティのうち、環境に関係するものは「気候変動」「プラスチック容器包装」「水」の3つである。これらを中心に、上述した「環境目標2030」と「環境アクション（2021-2024）」に基づき、取り組みを進めている（図表2）。

■環境ビジョン2050

「人と地球の共生社会を実現する
バリューチェーン環境負荷ゼロ経営」
2050年までに温室効果ガス排出量ネットゼロ（スコープ1・2・3・）を目指します。

People and
Planet as One
ヤクルトグループ環境ビジョン

■環境目標2030

マテリアリティ（重要課題）	目標
気候変動	温室効果ガス排出量（国内スコープ1・2）を2018年度比 **30%削減** する
プラスチック	プラスチック製容器包装（国内）を2018年度比 **30%削減** あるいは **再生可能** にする
水	水使用量（国内乳製品工場：生産量原単位）を2018年度比 **10%削減** する

■環境アクション（2022-2024）

「環境アクション」は「環境目標2030」を達成するための短期的マイルストーンとして定めました。
環境面のマテリアリティに加え、「廃棄物」「生物多様性」に関する目標も定めています。

図表2　環境課題への取り組み

(1) 気候変動

　ヤクルト本社中央研究所において、2021年4月から供給されるすべての都市ガスをカーボンニュートラル都市ガスに切り替えている。2022年4月には、国内の乳製品・医薬品等の12工場、7月には化粧品工場において、生産工程で使用する購入電力をすべて再生可能なエネルギー電力に切り替えた。これにより、大幅な温室効果ガス削減につながっている。今後も、グループ全体で、さらなる省エネや再生可能エネルギーへの切り替え等を推進することで、脱炭素社会の実現に向けて取り組んでいく。また、同年8月には気候関連財務情報開示タスクフォース（TCFD[※1]）の提言への賛同を表明し、同提言に則した対応を進めている。

※1　TCFD（Task Force on Climate-related Financial Disclosure）は、G20の要請を受け、金融安定理事会（FSB）により、気候関連の情報開示および金融機関の対応をどのように行うかを検討するために設立。2017年6月に公表した最終報告書では、企業等に対し、気候変動関連リスクおよび機会に関する「ガバナンス」「リスク管理」「戦略」「指標と目標」について開示することを推奨している。

(2) プラスチック容器包装

　ヤクルトは、2019年に発表した「プラスチック資源循環アクション宣言」でも述べているとおり、使用量の削減または再生可能にする目標を掲げ、取り組みを進めている。国内においては、2022年4月から「プラスチック資源循環促進法[※2]」が施行された。企業には、製品の設計段階におけるプラスチック使用量の削減や環境に配慮した素材への変更、ストロー等の特定プラスチックの使用の合理化による排出の抑制、自主回収・再資源化の促進等、具体的な対応が求められている。当社では、同法律の施行前から、バイオマスプラスチックを使用したストローやマルチシュリンクフィルム等、資源循環に適した素材への転換を進めるとともに、2022年3月からはNewヤクルト類へのストロー貼付を廃止した。また、同法律の要請に則り、同年4月からは販売時のスプーン・ストローの提供を原則行わないこととした。世界各地でもプラスチック製品の使用を規制する動きが活発化しており、当社グループにおいても各国・地域の規制や排出抑制の動きに則し、欧州では包装資材の一部をプラスチックから紙に切り替える等の対

応を行っている。また、使用済みプラスチックの再資源化技術の開発・実用化を推進する共同出資会社に資本参加も行った。

※2 正式名称は「プラスチックに係る資源循環の促進等に関する法律」。

(3) 水

水使用量の削減を図るとともに、国や地域によって異なる、生産拠点の水リスクに対応する管理計画の策定を進め、水資源の保全および持続的利用を推進していく。

6 社会課題への取り組み

(1) イノベーション

ヤクルトの事業は、創業当時、それまでになかった「予防医学」「健腸長寿」という考え方をもとにした新しい価値の創造（＝イノベーション）から始まった。そして現代、多くの人の悩みである「ストレス・睡眠」に関する機能性表示食品である「Yakult（ヤクルト）1000」「Ｙ１０００」は、多くの方に愛飲いただいている。これまでの、乳酸菌により「腸」を丈夫にすることで健康になっていただくという考え方に加え、現代特有の「ストレス・睡眠」という悩みに対する私たちのイノベーションが受け入れられ、多くの方々の「健康課題」に貢献できていると考えている。

(2) サプライチェーンマネジメント

2018 年「ヤクルトグループ CSR 調達方針」を策定し、CSR 調達活動を主軸に取り組みを進めている。とくに重要であるサプライヤーとの協働については、CSR 調達アンケートの実施やサプライヤー CSR ガイドラインの策定に加え、2021 年度からはサプライヤー向け CSR 調達方針説明会を年 1 回開催し、ヤクルトの CSR 調達への考え方をサプライヤーの皆さまと共有している。また、2022 年 6 月には、責任ある調達に関する情報共有プラットフォームを提供する会員制組織である "Sedex Information Exchange Limited" に加入した。今後も、持続可能な調達を実現するため

に、サプライチェーン全体で環境・社会に与える影響への配慮やリスクの軽減を進めていきたいと考える。

(3) 地域社会との共生

　ヤクルトレディによる商品のお届け時や、地域の方を対象とした健康教室や出前授業、店頭での専門スタッフによる商品価値の説明等を行い、「商品を販売する」だけではなく、地域のお客さまに「健康をお届け」している。また、国内では、一人暮らしのお年寄りの安否を確認する「愛の訪問活動」、自治体や警察と連携して行う「地域の見守り・防犯協力活動」等、「安全・安心」な地域づくりに貢献する活動にも積極的に取り組んでいる。これらの活動を支えるのは、地域の販売会社と、今年誕生60周年を迎えるヤクルトレディであり、昔も今も変わらない「地域の皆さまに貢献したい」という想いから成り立っている。これからも、当社グループに従事する一人ひとりが、お客さま一人ひとりに心を寄せ、地域社会と共生する事業活動を推進していく。

(4) 人　　権

　2021年度に「ヤクルトグループ人権方針」を策定するとともに、その方針に基づいて関連部署で横断的に構成される「人権デュー・ディリジェンス推進会議」で議論しながら、グループにおける重要な人権課題を整理するなど、人権デュー・ディリジェンスを推進している。2022年度は、人権方針をグループ内に周知および理解促進を図るための資材として、「ヤクルトグループ人権方針ガイドライン」を制作し、さらに12月を「『ビジネスと人権』啓発月間」とし、ガイドラインを使用してグループ内従業員に対する人権方針浸透のための企画も実施した。

(5) 人的資本

　2021年度に、社員個人の力を発揮し、生き生きと働いてもらうための人材育成の基本方針を策定した。また、会社が社員に求める役割や成果に応じた明確な評価基準を改めて示し、よりいっそう能力を発揮してもらうた

めに、2022年度から人事制度を改定した。役割に応じた活躍を支援するための研修も実施している。さらに、当社がグローバル企業として成長を続けるためにも、ダイバーシティ推進のための教育を積極的に行っていく。創業当時から大切にしてきた「人」のチカラと「和」の精神を、これからもヤクルトの一番の「原動力」としていきたいと考える。

7 「人も地球も健康に」の実現に向けて

　これまで述べてきたように、事業を通じて「健康」という社会課題を解決すると同時に、地球環境や人権にも配慮した経営を行うことで、社会の持続可能性とヤクルト事業の持続的成長を両立していきたいと考えている。

　私たちヤクルトグループは、これからもステークホルダーの皆さまをはじめ、社会、地球の声に耳を傾け、コーポレートスローガンである「人も地球も健康に」を実現するためにできること、また、やるべきことを、グループの一人ひとりが真剣に考え、取り組んでいく。

第2章　食品産業界の実践

ライフコーポレーションの
サステナビリティへの取り組みと
BIO-RAL

株式会社ライフコーポレーション

1　ライフコーポレーションの経営理念

『「志の高い信頼の経営」を通じて持続可能で豊かな社会の実現に貢献する』

当社は、1961年以来、幅広い商品を取扱うスーパーマーケットとして、お客様との信頼関係を第一に、真心こめたサービスで人々の生活を支えてきた。今では、日本国内に店舗数300店（首都圏134店、近畿圏166店）（2023年3月末時点）を展開するまでにいたっている。

2021年12月、当社は経営理念を改定した。戦後の日本の復興・成長とともに歩んできた創業者 清水信次の強い意志が込められた「社会の発展向上」という言葉は、現在の社会環境を踏まえ検討した結果、「持続可能で豊かな社会の実現」という言葉に変更。気候変動や新型コロナウイルスの感染拡大など、さまざまな課題に直面しているが、当社はこれらの課題にしっかりと取り組んでいく姿勢を明確にし、持続可能で豊かな社会の実現に向けた取り組みを進め、新たな価値を創出し続けていく。

スーパーマーケットは、人々の生活になくてはならない存在である。とはいえ、消費者に選ばれる店でなければ、生き残ることはできない。"おいしい""ワクワク""ハッピー"に象徴される「ライフらしさ」にいっそ

う磨きをかけ、他社にはない商品やサービスの提供だけではなく、環境問題や社会課題の解決にも真摯に取り組みながら、『お客様からも社会からも従業員からも信頼される日本一のスーパーマーケット』を目指す。

2 ライフのサステナビリティに対する考え方

当社は、「『志の高い信頼の経営』を通じて持続可能で豊かな社会の実現に貢献する」という経営理念に示される通り、ステークホルダーの皆様から信頼される企業として、私たちの事業活動の根源である地球環境とその上に成り立っている社会の課題解決に努めている。

私たちが目指す持続可能で豊かな社会とは、地球、社会が健全であり、当社が提供する商品・サービスを通して一人でも多くの人が「楽しく」「安心して」「健康的な」生活を営むことができる社会である。当社は、この考え方に基づいて、これからも環境、社会、ガバナンスの問題に真摯に取り組む。

当社はすべてのステークホルダーとともに持続可能で豊かな社会の実現に貢献するため、2021年の理念・方針の改定では、サステナビリティの考え方を取り込んだ。行動基準、環境方針、調達方針も同様の考えの下、改定を行っている。「持続可能で豊かな社会の実現に貢献」を経営理念に掲げる当社にとって、サステナビリティは必須のテーマである。

とくに、近年、気候変動の影響が身近に感じられるなかで、環境への配慮、対応は地に足をつけて取組むべき課題と認識している。たとえば、2022年3月より本格稼働した天保山プロセスセンター（大阪市港区）のバイオガス発電は、食品廃棄物の削減と発電を同時に実現することで、環境問題の解決につながる取り組み事例となっている。プロセスセンターで排出される食品残渣を活用することで、年間約4,000 tを超える食品廃棄物を削減し、年間の発電量は一般家庭約160世帯分の使用量に相当する約70万kWhを見込んでいる。

「BIO-RAL」事業では、オーガニック食品や健康にこだわった商品を取り扱う。安全安心かつ健康や環境に配慮した品揃えを通してお客様の心身

の健康と豊かな毎日をお手伝いするとともに、持続可能な社会の実現を目指す取り組みとして、今後よりいっそう力を入れていく考えである。そのほかにも、プラスチック製ストロー・スプーンの紙製・木製への切り替えや、食育・フードロス啓発活動、生産者支援など、さまざまなサステナビリティ活動を展開している。

なお、2022年9月にオープンした豊洲店（東京都江東区）は、省エネを実現した建物として当社初のZEB認証（ZEB Ready）を取得している。

3 BIO-RAL 事業

(1)国内のオーガニック市場の現状

日本のオーガニック加工食品は、2015〜19年度までの年平均成長率が3.2％と成長を続けており、19年度市場規模（小売金額ベース）が1,345億円であった（図表1）。17年度ごろからオーガニック・自然食品専門店の店舗数が増加、一般の店舗でもオーガニック食品の取り扱いが増え、売場面積は拡大している。20年度からはコロナ禍による内食需要・健康意識の高まりから、さらに消費者ニーズが高まっている。大手スーパーでナチュラルスーパー事業を展開しているのはライフとイオン社のみで、ライフはイオン社に先駆けて事業を開始した（ライフ16年6月、イオン社同年12月）。

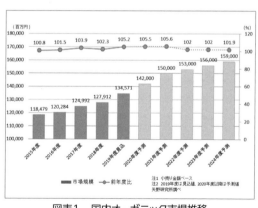

図表1　国内オーガニック市場推移

(2)BIO-RAL の誕生

BIO-RAL 誕生は、ナチュラル系ストアとして新業態店舗で新たな顧客も来店し、当社トータルとして地域の方々へ買い物の提案の幅を広げ、他

社との差別化の武器となった（図表2）。今では、ライフの事業の柱である。

BIO-RAL は 2011 年に提案され、13 年の新規事業開発の社内公募から「ナチュラルストア」の検討を重ねた。欧米ではナチュラル系

図表2　BIO-RAL 下北沢店

スーパーマーケットの利用者が多いのに対し、日本ではまだ市場規模が小さく、開拓の余地があると考えた。日本国内で、オーガニックやヘルシーをキーワードにした商品を品揃えしているのは、ほとんどが専門店である。わざわざ専門店に行かないと買えない、ネット通販で買うしかなかったものを、日々買物に行くところで手に取って買えるような、もっと身近なものにしていきたいという思いから、16 年に 1 号店の BIO-RAL 靭店を大阪市西区に出店した。BIO-RAL 靭店の商圏は、大阪市内でも 25 〜 45 歳の人口比率が高く有機食品の売れ行きも良い、1 号店挑戦の場として適した立地であったが、開店後しばらくは苦戦が続いた。

2020 年 12 月から PB「ライフナチュラル」を「BIO-RAL」に切り替え、ほとんどすべての取扱商品をコンセプト商品とした首都圏初の BIO-RAL 丸井吉祥寺店をオープン。また、BIO-RAL での取扱商品を既存店においても

2016年6月	大阪市内に近畿圏1号店ビオラル「靭店」オープン
2020年12月	首都圏1号店ビオラル「丸井吉祥寺店」オープン
2021年10月	ビオラル「エキマルシェ大阪店」オープン
2022年2月	ビオラル「下北沢駅前店」オープン
2022年5月	ビオラル「新宿マルイ店」オープン
2023年3月	ビオラル「パルコヤ上野店」オープン

図表3　BIO-RAL 単独店舗

コーナー化し始めた。お客様からの評価も高く、この頃から社内でのBIO-RALに対する意識が変わり始めた。21年12月、環境に配慮した持続可能な社会構築に向け、当社の経営理念を改定。BIO-RALはSDGsや生活を豊かにするという観点から、スーパーマーケットがやるべきことであるとして出店を加速し、BIO-RAL単独店舗は東西あわせて6店舗（首都圏4店舗、近畿圏2店舗）となった（図表3）。

BIO-RAL誕生は、ナチュラル系ストアとして、新業態店舗で新たな顧客も来店し、当社トータルとして地域の方々へ買い物の提案の幅を広げ、他社との差別化の武器となった。今では、ライフの事業の柱となっている。

(3) BIO-RAL について

BIO-RALは、ドイツ語の「BIOLOGISCH（有機の）」と英語「NATURAL（自然）」からなる造語。自然の恵みを気軽に取り入れて、心もカラダも健康で美しく、豊かな毎日を過ごしてもらいたいとの想いから名づけた。

キャッチコピーは「自然を感じる暮らし、もっと身近に」。

BIO-RALの商品は、自然そのままをいただく安心感や、その土地ならではのおいしさに出会うよろこび、健康的な食卓でカラダを整える心地よさから、街にいながら自然を感じる満たされたくらしを叶えることを理想としている。

BIO-RALは、地域のニーズに合わせさまざまな業態で店舗展開している。ターゲットとしては、安全安心の意識が高く、ナチュラルスタイルに興味がある感度の高い女性を想定している。そのなかでも、メインターゲットとして3人のお客様像を設定した。

1人目は、「健康」や「安心・安全」への意識が高い20〜40代の子育て層。子どもとの暮らしを充実させたい、子どもにカラダにいいもの・教育にいい環境を与えたいという志向があり、添加物が少ないものや、子どもと一緒に作れるメニューを求めている。

2人目は、「不健康」な生活を相殺したい20〜30代の働く女性。仕事が忙しく、不規則・不健康を相殺してくれるような食生活や暮らしを求める志向があり、流行ものへの挑戦・簡便メニューへのニーズが高い。

3人目は、「健康」への意識が高い50代以上の女性。いいものを追求するナチュラルな暮らしを求める志向があり、健康・美容を起点とし高品質なものへのニーズが高い。

これら3人のお客様像をターゲットとして、コンセプトに沿った商品づくり、店作りをしている。

また、BIO-RAL は、「Organic」「Local」「Healthy」「Sustainability」の4つのコンセプトを柱としている。商品コンセプトとして、「Organic」「Local」「Healthy」のいずれか、かつ、「安心」「トレンド」「高品質」のいずれかを満たすものを品揃えしている（図表4）。

2020年12月には、プライベートブランド「BIO-RAL（ビオラル）」が誕生した。BIO-RAL のコンセプトである健康や自然志向に合わせた商品を展開し、22年10月時点で、250種類以上の商品を取り扱っている（図表

Organic
オーガニック

自然の恵みをいかした農作物や加工品。私たちはその価値をお伝えするとともに、いつでも手にできる場を提供します。

Local
ローカル

私たちは、その土地で培われたおいしさ、四季折々の実りに感謝し、自然の摂理に合った食生活を提案します。

Healthy
ヘルシー

健康的な食生活が健全な体と心を育みます。私たちは、体にやさしい商品の品ぞろえや開発にも取り組みます。

Sustainability
サスティナビリティー

自然の恵みをこどもの代まで受け継いでいくために、循環型社会の実現、地球環境保持を目指します。

図表4　BIO-RAL のコンセプト

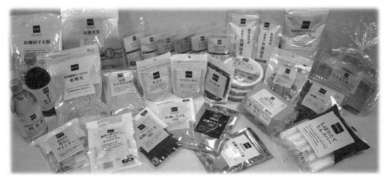

図表5　BIO-RAL のプライベートブランド

5）。また、コロナ禍によるさらなる健康志向の高まりから 2023 年 4 月現在、BIO-RAL 商品の取り扱いを全店舗に拡大した。

⑷ ライフが BIO-RAL に込めた思い

私たちは、「志の高い信頼の経営」を通じた経営理念の下、コンプライアンスを徹底し、経営理念を着実に実行することを通じて社会の持続的な成長を図るとともに、すべてのステークホルダーから信頼されるスーパーマーケットとして社会に貢献する。

BIO-RAL の 4 つのコンセプトには、「地球にやさしく全ての人が、健康に暮らせる世の中を作ろう」という思いが込められている。農薬や化学肥料、添加物などを極力使わない食品を企画・製造・販売することで、人々の健康な暮らしを支えるとともに、地球環境にやさしいサステナブルな世の中を実現していこうと考えている。

これは、「誰一人取り残さない世界の実現」のため SDGs（持続可能な開発目標）が掲げる 17 の問題と 169 のターゲットにも合致している。

また、BIO-RAL 事業を積極的に拡大することで、消費者からの信頼が高まれば、結果として他社との差別化につながり同質化競争からの脱却も可能である。

私たちが健やかで安心な暮らしを送る上で、毎日の食事はもっとも基本的で大切なもの。ライフは地球にやさしく、すべての人に健康になってほしいと願い、これからも BIO-RAL 事業を展開する。

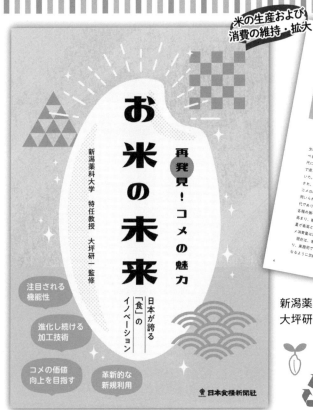

編著者略歴

櫻庭 英悦（さくらば えいえつ）

1956年秋田県生まれ。1980年宇都宮大学農学部農業経済学科卒、農林水産省入省。大臣官房参事官、食品産業振興課長、北海道農政事務所長、情報評価課長、大臣官房審議官等を歴任後、2014年食料産業局長。2016年退官。現在、高崎健康福祉大学特命学長補佐・農学部客員教授、日清食品HD㈱社外取締役、ヤマト運輸㈱社長室顧問、秋田銀行顧問等。（一社）環境にやさしいプラスチック容器包装協会理事長。日本食糧新聞社主催食品産業功労賞選考委員長。

著書：「HACHI−ハチ−」日本食糧新聞社（2021年）

サステナビリティと
食品産業 ♻

定価 2,750円（本体2,500円+税10%）

2023年6月30日　初版発行

編著者名　櫻庭 英悦
発 行 人　杉田 尚
発 行 所　株式会社日本食糧新聞社
　　　　　編集　〒101-0051　東京都千代田区神田神保町2-5 北沢ビル
　　　　　　　　電話03-3288-2177　FAX03-5210-7718
　　　　　販売　〒104-0032　東京都中央区八丁堀2-14-4ヤブ原ビル
　　　　　　　　電話03-3537-1311　FAX03-3537-1071

印 刷 所　株式会社日本出版制作センター
　　　　　〒101-0051　東京都千代田区神田神保町2-5 北沢ビル
　　　　　電話03-3234-6901　FAX03-5210-7718

ISBN978-4-88927-290-1 C2034